INSTALAÇÕES PREDIAIS HIDRÁULICO-SANITÁRIAS

Blucher

VANDERLEY DE OLIVEIRA MELO

Engenheiro civil, professor de Instalações Prediais
Hidráulico-Sanitárias da Escola de Engenharia da Universidade
Federal de Goiás e do Departamento de Artes e Arquitetura da
Universidade Católica de Goiás. Projetista de instalações prediais
hidráulico-sanitárias.

JOSÉ M. DE AZEVEDO NETTO

Engenheiro civil e sanitário. Catedrático da Universidade de São
Paulo. Membro do Corpo de Especialistas da O.N.U., Engenheiro
Consultor.

INSTALAÇÕES PREDIAIS
HIDRÁULICO-SANITÁRIAS

Instalações prediais hidráulico-sanitárias
© 1988   Vanderley de Oliveira Melo
          José M. de Azevedo Netto
10ª reimpressão – 2017
Editora Edgard Blücher Ltda.

Blucher

Rua Pedroso Alvarenga, 1245, 4º andar
04531-934 – São Paulo – SP – Brasil
Tel.: 55 11 3078-5366
contato@blucher.com.br
www.blucher.com.br

É proibida a reprodução total ou parcial
por quaisquer meios sem autorização
escrita da editora.

Todos os direitos reservados pela Editora
Edgard Blücher Ltda.

FICHA CATALOGRÁFICA

Melo, Vanderley de Oliveira
    Instalações prediais hidráulico-sanitárias /
Vanderley de Oliveira Melo, José M. de Azevedo
Netto – São Paulo: Blucher, 1988.

    Bibliografia.
    ISBN 978-85-212-0020-8

    1. Água – Uso 2. Edifícios 3. Engenharia
hidráulica 4. Hidráulica 5. Instalações hidráulicas
e sanitárias I. Azevedo Netto, José M. de. II. Título.

04-3416   CDD-696.1

Índices para catálogo sistemático:
1. Instalações hidráulicas prediais   696.1
2. Instalações sanitárias prediais   696.1
3. Prédios: Instalações hidráulicas e sanitárias   696.1
4. Sistemas hidráulicos prediais   696.1

Os agradecimentos dos autores a LEOVALDO RODRIGUES DA CUNHA, que pacientemente desenhou todas as figuras contidas neste livro, com a simples intenção de servir.

Também nossa homenagem ao prof. TITO NOGUEIRA BERTAZZI grande incentivador no estudo da hidráulica, base primeira deste trabalho.

Prefácio

A construção civil é um dos setores, onde o avanço tecnológico, nos últimos anos, se processou de forma bastante expressiva, principalmente com relação aos materiais. Os processos de utilização aplicados no passado, hoje já são obsoletos, e com isto sendo gradativamente possível passar de um trabalho quase que artesanal para o de simples montagem.

É de se esclarecer que não possuimos admiração ilimitada pelas coisas antigas e, tampouco, ansiamos apenas por novidades; mantemo-nos no justo meio, sem repelir o que os antigos criaram com acerto e nem desdenhar as convenientes inovações dos modernos.

Evidentemente, que não pretendemos, neste livro, esgotar o assunto concernente às instalações prediais hidráulico-sanitárias, mas contribuir com a experiência que tivemos, no decorrer dos anos, como projetistas de instalações e professores em cursos de graduação na área de Engenharia Civil. Não nos atemos tanto a detalhes construtivos, mas preocupamos, sobretudo, com exposição genérica ou esquemática, dando ênfase ao dimensionamento. Como pode ser notado, o livro é basicamente dividido em duas partes, a primeira, do capítulo 01 à 06 que trata especificamente de instalações prediais, sendo trabalhada pelo Prof. Vanderley de Oliveira Melo e a segunda, que é mais complementar, capítulos 07 à 10 pelo Prof. Azevedo Netto.

Em alguns casos, fugimos ao tradicionalismo, porém, estaremos receptivos e até mesmo gratos pelas sugestões que nos forem apresentadas.

Os autores.

Conteúdo

CAPÍTULO 1

1 - Instalações de Água Fria (temperatura ambiente) 1
   1.1 - Generalidades 1
   1.2 - Partes componentes de uma instalação de água fria ... 2
   1.3 - Dimensionamento das partes componentes de uma
       instalação de água fria 9
   1.4 - Abreviações 23
   1.5 - Convenções 24
   1.6 - Tabelas para dimensionamento das instalações
       de água fria 24
   1.7 - Ábacos para dimensionamento das instalações
       de água fria 32

CAPÍTULO 2

2 - Instalações de Combate a Incêndio 36
   2.1 - Generalidades 36
   2.2 - Sistema sob comando 37
   2.3 - Sistema automático 43

CAPÍTULO 3

3 - Instalações de Água Quente 50
   3.1 - Generalidades 50
   3.2 - Aquecimento instantâneo 50
   3.3 - Aquecimento por acumulação 55
   3.4 - Tubulações de água quente 75
   3.5 - Isolantes térmicos 76
   3.6 - Juntas de dilatação 77
   3.7 - Tabelas para dimensionamento das instalações
       de água quente 78
   3.8 - Ábacos para dimensionamento das instalações
       de água quente 79

CAPÍTULO 4

4 - Instalações de Água Gelada	81
4.1 - Generalidades	81
4.2 - Sistema individual	81
4.3 - Sistema central	83
4.4 - Tabelas para dimensionamento das instalações de água gelada	89

CAPÍTULO 5

5 - Instalações de Esgoto Pluvial	90
5.1 - Generalidades	90
5.2 - Calhas	90
5.3 - Tubos de queda	95
5.4 - Rede coletora	98
5.5 - Convenções	101

CAPÍTULO 6

6 - Instalações de Esgoto Sanitário	102
6.1 - Generalidades	102
6.2 - Esgoto secundário	102
6.3 - Esgoto primário	106
6.4 - Ventilação	113
6.5 - Dimensionamento das partes componentes de uma instalação de esgoto sanitário	115
6.6 - Convenções	118
6.7 - Tabelas para dimensionamento das instalações esgoto sanitário	119

CAPÍTULO 7

7 - Piscinas Residenciais	124
7.1 - A piscina	124
7.2 - A área periférica	127
7.3 - O sistema hidráulico	127

7.4 - Instalações de tratamento 128
7.5 - Instalações anexas 131

CAPÍTULO 8

8 - Usos e Consumos Específicos de Água 132
  8.1 - Introdução 132
  8.2 - Consumos da água 133
  8.3 - Vazões de dimensionamento 134

CAPÍTULO 9

9 - Tanques Sépticos 141
  9.1 - Evolução histórica 141
  9.2 - Conceito e definição 143
  9.3 - Aplicações 144
  9.4 - Tipos usuais - compartimentação 145
  9.5 - Influência das vazões e tempos de detenção 147
  9.6 - Funções e as diversas zonas 148
  9.7 - Interferências dos processos e dimensionamento 152
  9.8 - Vantagens dos tanques sépticos 156
  9.9 - O destino do efluente 156
  9.10 - Programa de limpeza 158
  9.11 - Tanques sépticos com câmeras sobrepostas 159

CAPÍTULO 10

10 - Disposição de Efluentes de Tanques Sépticos Residenciais . 162
  10.1 - Introdução 162
  10.2 - Disposição dos efluentes fora do lote 162
  10.3 - Disposição dos efluentes no próprio terreno 165
  10.4 - Aspectos técnicos 167
  10.5 - Ensaios de infiltração 169
  10.6 - Cálculo do coeficiente de infiltração 170
  10.7 - Caixas de distribuição 173
  10.8 - Localização das unidades 173
  10.9 - Exemplos 174

XI

Anexo 1

Cálculo probabilístico de vazões
    Introdução 176
    Evolução no Brasil 176
    Método de Hall - (RAE) 178
    Método de Hunter 179
    Método da A.B.N.T. 181
    Método Francês 182

Bibliografia 184

CAPÍTULO 1

Instalações de água fria (temperatura ambiente)

1.1 - GENERALIDADES

São instalações que compõem o conjunto de canalizações, conexões, aparelhos e ferragens para suprimento de água a prédios, armazenamento e distribuição aos pontos de consumo. Todo este processo vai desde a rede pública até os pontos de utilização da água: chuveiros, lavatórios, bidês, vasos sanitários, pias, torneiras para jardins, etc.

As condições básicas que as instalações de água fria devem satisfazer estão evidenciadas, abaixo, item 04 da NB-92/1980 da ABNT:

a) "garantir o fornecimento de água de forma contínua, em quantidade suficiente, com pressões e velocidades adequadas ao perfeito funcionamento das peças de utilização e do sistema de tubulações".

b) "preservar rigorosamente a qualidade da água do sistema de abastecimento".

c) "preservar o máximo conforto dos usuários, incluindo-se a redução dos níveis de ruído".

Estas considerações não podem de forma alguma ser desprezadas, quando se preocupa em ter instalações que realmente funcionem, proporcionando ao usuário melhor saúde, classicamente definida pela OMS como o "Completo bem-estar físico, mental e social, e não apenas a ausência de enfermidades".

1.2 - PARTES COMPONENTES DE UMA INSTALAÇÃO DE ÁGUA FRIA

Consideramos o caso mais geral que é uma edificação com vários pavimentos superpostos e altura acima do alcance das pressões disponíveis na rede pública de distribuição de água, obrigando o uso de dois reservatórios de acumulação: um na parte inferior e outro na superior.

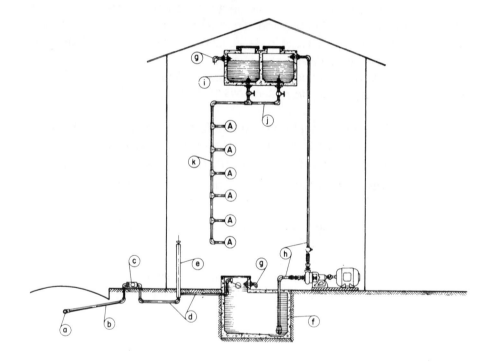

FIG. 1.1

ⓐ **Rede pública de distribuição de água** - é aquela existente na rua, de propriedade da entidade responsável pelo fornecimento de água.

ⓑ **Ramal predial** - é a tubulação compreendida entre a rede pública de distribuição e o hidrômetro ou peça limitadora de vazão. Essa parte é

Instalações de Água Fria (temperatura ambiente) 3

dimensionada e executada pela concessionária, com as despesas por conta do interessado.

(c) **Hidrômetro** - aparelho instalado, geralmente na mureta lateral esquerda ou direita, acondicionado em caixas apropriadas, para medir o consumo de água. A experiência tem demonstrado que o uso do hidrômetro força a redução dos desperidícios.

(d) **Ramal de alimentação** - é a tubulação compreendida entre o hidrômetro até a entrada de água no reservatório de acumulação, passando ou não pela coluna piezométrica ou reservatório piezométrico.

(e) **Coluna Piezométrica** - é um dispositivo regulador do nível piezométrico, e instalado sempre que o reservatório estiver abaixo da cota do meio fio no ponto de cruzamento do ramal predial. Em algumas cidades brasileiras, tal peça é dispensada, mas em outras o uso é obrigatório, portanto, fazendo parte dos regulamentos locais. A validade do uso é muito discutida entre a maioria dos projetistas, porque, além de onerar a obra, causa transtornos técnicos e estéticos. Figura 1.2.

DETALHE DA COLUNA PIEZOMÉTRICA

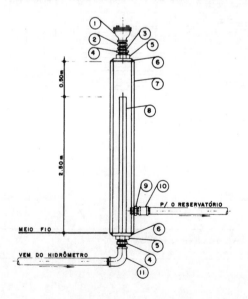

LEGENDA

① - VENTOSA ∅ 3/4"
② - NIPLE DUPLO F⁰ G⁰ ∅ 3/4"
③ - BUCHA DE REDUÇÃO F⁰ G⁰ ∅ 1¼" x 3/4"
④ - BUCHA DE REDUÇÃO F⁰ G⁰ ∅ 2½" x 1¼"
⑤ - FLANGE C/ SEXTAVADO - DN - 2½"
⑥ - SOLDA
⑦ - TUBO DE F⁰ G⁰ ∅ 6"
⑧ - TUBO DE F⁰ G⁰ ∅ DO RAMAL
⑨ - NIPLE DUPLO F⁰ G⁰ ∅ DO RAMAL
⑩ - LUVA F⁰ G⁰ ∅ DO RAMAL
⑪ - JOELHO F⁰ G⁰ ∅ DO RAMAL

FIG. 1.2

(f) **Reservatório inferior** - é próprio dos prédios com mais de dois pavimentos. Até esse limite, geralmente a pressão na rede é suficiente para abastecimento do reservatório situado na parte superior do edifício. Já nas edificações de três ou mais pavimentos, é recomendado usar dois: um na parte inferior e outro na superior, e também por aliviar sobrecarga nas estruturas.

Os reservatórios devem ser instalados em locais de fácil acesso e de preferência afastados das tubulações de esgoto, principalmente manilhas de barro, porque um vazamento poderá provocar sua contaminação de modo imperceptível. Quando localizados no sub-solo, as tampas deverão ser elevadas pelo menos a 50 cm do piso e nunca rentes a este, conforme figura 1.3 e de forma incorreta como se vê na figura 1.4.

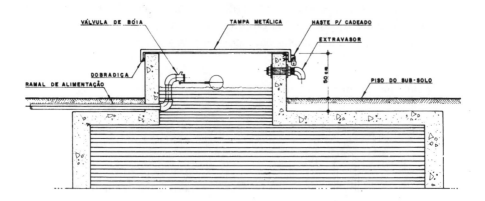

FIG. 1.3 (FORMA CORRETA)

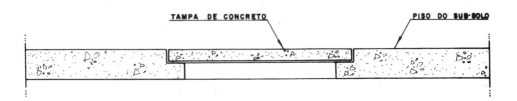

FIG. 1.4 (FORMA INCORRETA)

Instalações de Água Fria (temperatura ambiente)

Vejam que a possibilidade de contaminação pela infiltração de água, através da tampa, é bem inferior na figura 1.3 que na 1.4. Este detalhe da tampa, é válido também para os reservatórios superiores, só que, nestes, a altura de 50,0 cm indicada na figura 1.3 não é necessária, podendo ser limitada em 4,0 ou 5,0 cm, e serve apenas para impedir a entrada das águas de chuvas, as quais formam uma película muito fina devido aos escoamentos laterais. Já no sub-solo, poderá haver acúmulo de água no piso e também para facilitar a colocação do extravasor.

As tampas deverão ser trancadas com cadeados, pois é fator de segurança e com acesso apenas para encarregados.

(g) **Extravasor** - vulgarmente chamado "ladrão", serve para regularização do nível máximo e aviso de não funcionamento da válvula de bóia.

Em hipóstese alguma, podem desaguar em caixas de passagens, tubos condutores de esgoto sanitário ou pluvial, mas, sim, em locais visíveis e que chamem atenção do usuário, pois esta é mesmo sua maior finalidade. É comum, em residências, os instaladores embutirem a tubulação do extravasor na parede e deixar desaguando numa caixa de passagem de esgoto sanitário, principalmente naquelas em que não há presença de engenheiro. Ocorre aí a entrada de gases provenientes da rede para dentro do reservatório, sendo absorvidos pela água, e além de insetos e roedores, pondo em risco a saúde dos ocupantes.

(h) **Sistema de recalque** - sempre que tivermos de transportar uma determinada quantidade de líquido de um reservatório **A** a um reservatório **B**, cujo nível de **A** seja inferior ao de **B**, é necessário fornecer, por meios mecânicos, uma certa quantidade de energia ao líquido. Ao conjunto constituído pela canalização e meios mecânicos se denomina SISTEMA DE RECALQUE;

Nele se distinguem:

– **Conjunto motobombas** - nas instalações prediais, é necessário o emprego de dois conjuntos motobombas, ficando um de reserva para atender a eventuais emergências. Normalmente, se usam bombas do tipo centrífuga e acionadas por motores elétricos.

- **Canalização de sucção** - é a parte da tubulação que conduz água do reservatório inferior, ou cisterna, até a bomba, possuindo em sua extremidade inferior uma válvula de retenção chamada válvula de pé e dotada de crivo para impedir a entrada de sujeira sólida na tubulação.

Quando a bomba for instalada em nível inferior ao da água, no reservatório, esta é dita "afogada" e neste caso não há necessidade da válvula de pé, mas apenas uma tela na entrada da tubulação. No assentamento dessa tubulação, alguns cuidados devem ser tomados, como mostra a figura 1.5.

- **Canalização de recalque** - é a que conduz a água da bomba ao reservatório superior, também dotada de uma válvula de retenção.

Tanto na sucção quanto no recalque, não se usam joelhos de raio curto e sim curvas de raio longo para diminuição das perdas de carga, trazendo, em conseqüência, economia de energia no motor.

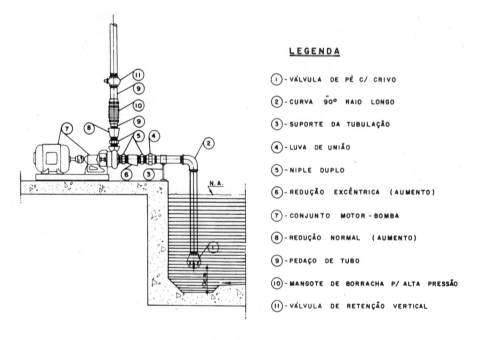

FIG. 1.5

Observar que a redução excêntrica deverá ter a excentricidade virada para baixo, porque esta é exatamente sua finalidade: impedir a formação de bolhas de ar na parte superior da tubulação.

Instalações de Água Fria (temperatura ambiente) 7

A necessidade de redução é devido serem as bombas fabricadas em série, e os diâmetros de entradas e saídas muitas vezes não coincidem com os diâmetros da tubulação. Também a tubulação de sucção deverá ter uma inclinação da bomba para o lado da válvula de pé e nunca ao contrário, devido à possibilidade da mesma formação de bolhas de ar.

As bombas devem ser assentadas em mancais elásticos, a fim de amortecer vibrações.

(i) **Reservatório Superior** - os reservatórios superiores, no caso das habitações coletivas, prédios de escritórios ou comerciais, deverão ser divididos em duas células para efeito de sua limpeza e não haver interrupção no consumo de água. Para esta divisão, as normas recomendam somente quando o volume ultrapassa 4.000 litros, embora sendo muito difícil prédios desta natureza possuírem reservatórios com volumes menores.

(j) **Colar ou Barrilete** - abaixo do reservatório superior e acima da laje de forro, é situado o barrilete, provido de registros de gaveta que comandam toda distribuição de água, válvulas de retenção no caso da tubulação para combate a incêndio e luvas de união para facilitar a desmontagem da tubulação, e de onde partem as colunas, conforme disposto na figura 1.6. Entre o fundo do reservatório e a laje de forro, deve haver um

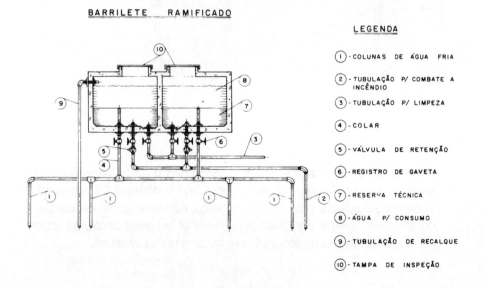

FIG. 1.6

espaço maior ou igual a 60 cm para permitir manutenção ou manobra dos registros. Temos dois tipos de barrilete: o ramificado figura 1.6 e o concentrado figura 1.7. Por razoēs econômicas, o mais usado é o barrilete tipo ramificado.

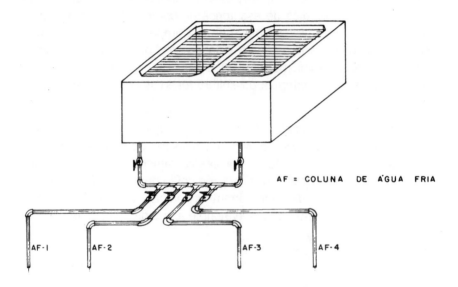

FIG. 1.7

(k) **Coluna** - é a canalização vertical, tendo origem no barrilete e abastecendo os ramais de distribuição de água nos banheiros. Com o aperfeiçoamento de nossas válvulas de descarga, não está sendo necessário o uso de colunas independentes para válvulas e outras peças de utilização; podemos alimentar todo o banheiro com uma coluna só.

(l) **Ramal** - é a canalização compreendida entre a coluna e os sub-ramais, trecho de **A** até **D** na figura 1.8b.

Instalações de Água Fria (temperatura ambiente)

ⓜ **Sub-ramal** - é a canalização que liga os ramais aos aparelhos de utilização, trechos Lv-D, D-Bd, C-Vs e B-Ch na figura 1.8b.

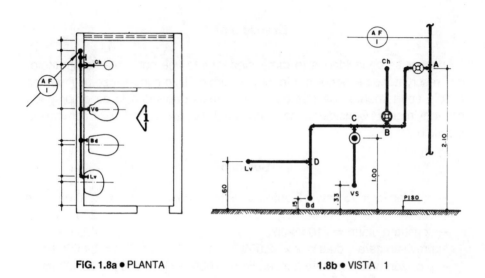

FIG. 1.8a ● PLANTA   1.8b ● VISTA 1

1.3 - DIMENSIONAMENTO DAS PARTES COMPONENTES DE UMA INSTALAÇÃO DE ÁGUA FRIA

1.3.1 - Reservatórios

Os reservatórios deverão ser dimensionados de maneira a armazenar água correspondente ao consumo de um a três dias, sendo o mais recomendável dois. Primeiramente, calculamos a população com as recomendações contidas na tabela I e, em seguida, verificamos o consumo "per-capita" na tabela II.

Além da água armazenada para consumo, deveremos prever uma quantidade para combate a incêndio, chamada "reserva técnica". Essa reserva é calculada de acordo com o estabelecido pelos regulamentos das guarnições do Corpo de Bombeiros. Porém, o mais usual é adotar 6.000 litros para quatro caixas de incêndio, mais 500 litros por caixa excedente. A água para

10 *Instalações Prediais Hidráulico-Sanitárias*

combate a incêndio é armazenada no reservatório superior, o qual deverá ter um volume igual ao do inferior, ficando para consumo dos usuários aproximadamente o equivalente a 40% da quantidade reservada para consumo de dois dias.

Para melhor compreensão, daremos o seguinte exemplo:

Exercício nº 1

Achar as capacidades (o dimensionamento fica por conta do arquiteto) dos reservatórios superior e inferior para um edifício com quinze pavimentos e dois apartamentos de três dormitórios mais dependência de empregada por pavimento. Considerar, no mesmo, dezesseis caixas para combate a incêndio.

Solução

- população = 15 pav. x 2 aptos x (3x2+1) tab. I   = 210 pessoas
- consumo per capita tab. II   = 200 lts/dia
- consumo diário = 210 x 200   = 42.000 lts
- previsão para 2 dias = 2 x 42.000   = 84.000 lts
- previsão para combate a incêndio = 6.000 + (16-4)500 = 12.000 lts
- quantidade de água a armazenar = 84.000 + 12.000   = 96.000 lts
- reservatório superior = (96.000)/2   = 48.000 lts
- reservatório inferior = (96.000)/2   = 48.000 lts

Observação: no reservatório superior, ficam para consumo 48.000 – 12.000 = 36.000 litros, que corresponde aproximadamente 40% de todo o volume armazenado.

1.3.2 - Extravasores

Existem fórmulas para dimensionamento de extravasores, porém, o mais usual é adotar um diâmetro comercial imediatamente superior ao do tubo de entrada no reservatório.

1.3.3 - Ramal de alimentação

Temos, primeiramente, que calcular a vazão de entrada, dividindo o consumo diário do prédio pelo número de segundos dia (86.400), admitindo, assim, que há fornecimento contínuo por parte da rede pública. A NB-92 recomenda que a velocidade máxima nessa tubulação é 1,0 m/s. Então, para

Instalações de Água Fria (temperatura ambiente)

efeito de economia, adotamos esta, porém devemos observar que não pode ser inferior a 0,6 m/s.

Com a vazão e a velocidade, podemos determinar o diâmetro da tubulação com auxílio do ábaco III ou IV, dependendo serem os tubos de PVC ou ferro galvanizado.

Exercício nº 2

Calcular o diâmetro do ramal de alimentação para o caso do exercício nº 1, e sendo a tubulação de aço galvanizado.

Solução

– consumo diário　　　= 42.000 lts.
– velocidade de entrada = 1,0 m/s

$$- \text{ vazão } Q = \frac{42.000}{86.400} = 0,48 \text{ lts/s}$$

$$- \text{ com } \begin{cases} Q = 0,48 \text{ lts/s} \\ V = 1,0 \text{ m/s} \end{cases} \xrightarrow{\text{ ábaco III }} \phi = 25 \text{ mm (1")}$$

1.3.4 - Sistema de recalque

O sistema de recalque, como vimos anteriormente, é composto de canalização de sucção, canalização de recalque e conjunto motobombas.

Neste sistema, calculamos o diâmetro do recalque e adotamos para sucção um diâmetro nominal imediatamente superior. Para o cálculo da vazão, adotamos um tempo de funcionamento, com a observação de que a capacidade horária de uma bomba não deve ser inferior a 20% do consumo diário. É conveniente serem adotadas, a cada 24 horas, os seguintes tempos de funcionamento para a bomba:

– prédios para apartamentos　= 3 períodos de 1:30h cada
– prédios para escritórios　　= 2 períodos de 2:00h cada
– prédios para hospitais　　　= 3 períodos de 2:00h cada
– prédios para hotéis　　　　= 3 períodos de 1:30h cada

Com o tempo de funcionamento da bomba e o consumo diário, calculamos a vazão de recalque e, de posse destes dois elementos, tempo e vazão, determinamos o diâmetro de recalque com auxílio do ábaco I, e o de sucção será como descrevemos acima.

Para escolha da bomba, falta sua característica básica que é a **altura manométrica**, a qual é dada pela expressão:

$$Hm = Hs + Hr + Js + Jr + \frac{V^2}{2g}$$

onde

Hs – altura de sucção, em metro, que pode ser positiva ou negativa, dependendo da bomba estar afogada ou não.

Hr – altura de recalque, em metro

Js – perda de carga total na sucção, em metro

Jr – perda de caga total no recalque, em metro

$\frac{V^2}{2g}$ – altura representativa da velocidade, em metro, na saída da bomba.

Portanto, a altura manométrica é a altura geométrica entre os dois níveis de água, mais as perdas de carga na sucção e recalque.

Como existem dois conjuntos motobombas, devemos dimensionar aquele que estiver em pior condição, ou seja, o que causa maior perda de carga.

O conhecimento da potência do motor é necessário apenas para dimensionamento das instalações elétricas, porque a escolha da bomba é feita com o conhecimento da vazão e da altura manométrica.

Potência do motor $\quad P = \dfrac{\gamma QHm}{75.\eta} \quad$ (C.V)

γ - peso específico do líquido bombeado, para água 1000 kg/m^3

Q - vazão em m^3/s

Hm - altura manométrica, em metros

η - rendimento do conjunto motobombas = $\pm$ 70% = 0,70

Exercício nº 3

Dimensionar o sistema de recalque, indicado na figura 1.9, para o caso do exercício nº 1 e usando tubos de ferro galvanizado.

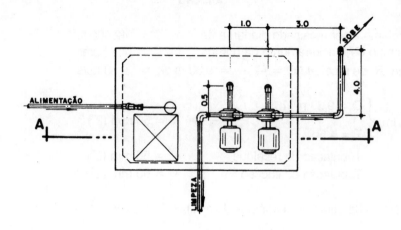

FIG. 1.9a • PLANTA

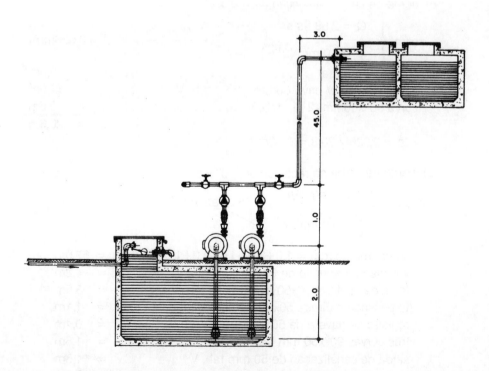

1.9b • CORTE AA

14 *Instalações Prediais Hidráulico-Sanitárias*

Solução

1 - volume a ser recalcado diariamente $\quad = \quad 42.000$ lts
2 - tempo de funcionamento da bomba $\quad = \quad 4.5$ horas
3 - vazão de recalque $Q = \dfrac{42,0}{4,5} = 9,33$ m³/h $= 2,59$ lts/s

4 - com $\begin{cases} Q = 9,33 \text{ m}^3/\text{h} \\ \\ T = 4,5\text{h} \end{cases}$ $\rightarrow$ ábaco I $\rightarrow \varnothing = 50$ mm (2")

        Tubulação de recalque $\qquad \varnothing = 50$ mm (2")
        Tubulação de sucção $\qquad \varnothing = 60$ mm ($2^{1/2}$")

5 - cálculo da altura manométrica: $Hm = Hs + Hr + Js + Jr + \dfrac{V^2}{2g}$

  a) $Hs = 2,0$ m porque considera o nível d'água na pior condição, que é vazio o reservatório.
  b) $Hr = 1,0 + 45,0 = 46,0$m
  c) perda de carga na sucção $Js = J' \times L'$

    com $\begin{cases} Q = 2,59 \text{ lts/s} \\ \\ \varnothing = 60 \text{ mm } (2^{1/2}") \end{cases}$ $\rightarrow$ ábaco III $\rightarrow J' = 0,026$m/m

    comprimento real $\dots\dots\dots\dots\dots\dots\dots\dots = \quad 2,5$m
    válvula de pé c/ crivo 60mm ($2^{1/2}$") tab. V $\dots\dots = \quad 17,0$m
    curva 90ºx60mm ($2^{1/2}$") tab. V $\dots\dots\dots\dots\dots = \quad \underline{0.8\text{m}}$
    $\hfill L' = \quad 20,3$m

    $Js = 0,026 \times 20,3 = 0,53$m

  d) perda de carga no recalque $Jr = J'' \times L''$

    com $\begin{cases} Q = 2,59 \text{ lts/s} \\ \\ \varnothing = 50 \text{ mm } (2") \end{cases}$ $\rightarrow$ ábaco III $\rightarrow J' = 0,061$m/m

    comprimento real $= 1,0+3,0+4,0+3,0+1,0+45,0 \quad = 57,0$m
    válvula de retenção de 50 mm (2") tab. V $\qquad = \quad 4,2$m
    tê saída bilateral 50x50 mm (2"x2") tab. V $\qquad = \quad 3,5$m
    tê passagem direita 50x50 mm (2"x2") tab. V $\qquad = \quad 1,1$m
    registro de gaveta de 50 mm (2"x2") tab V $\qquad = \quad 0,4$m
    três curvas 90ºx50 mm (2") tab. V $\qquad = \quad 1,8$m
    saída de canalização de 50 mm tab. V $\qquad = \quad 1,5$m
    $\hfill L'' = 69,5$m

    $Jr = 0,061 \times 69,5 = 4,24$m

Instalações de Água Fria (temperatura ambiente) 15

e) altura representativa da velocidade $\dfrac{V^2}{2g}$

com $\begin{cases} Q = 2,59 \text{ lts/s} \\ O = 50 \text{ mm (2")} \end{cases}$ $\rangle$ ábaco III $\longrightarrow$ $V = 1,3 \text{ m/s}$

$$\frac{V^2}{2g} = \frac{\overline{1,3}^2}{2 \times 9,81} = \frac{1,69}{19,62} = 0,08m$$

$$Hm = 2,0 + 46,0 + 0,53 + 4,24 + 0,08 = 52,85m$$

SISTEMA DE RECALQUE	
Vazão	= 9,33 m³/h
Altura manométrica	= 52,85 m
Tubulação de sucção	= 60mm (2¹/2")
Tubulação de recalque	= 50mm (2")

1.3.5 - Colunas

Pode uma coluna alimentar mais de um conjunto sanitário por pavimento; porém, o mais comum é a alimentação de apenas um por andar. A NB-92 estabeleceu pesos para os diversos tipos de aparelhos na tabela III e, verificada a natureza da ocupação, determinamos a soma dos pesos por andar.

Partindo de baixo para cima, somamos os pesos acumuladamente em cada ponto de derivação, sendo que a vazão é calculada, para cada trecho, em função da soma dos pesos no ábaco II.

Tendo em vista o limite de velocidade em 2,5m/s, determinamos os diâmetros dos diversos trechos neste mesmo ábaco. Os demais elementos, para cálculo das pressões dinâmicas nas derivações, são determinadas com auxílio da fórmula de "Fair-Whipple-Hisao", posta sob forma de ábaco que são III para aço galvanizado e IV para cobre ou plástico.

A maneira mais usual é o emprego de uma planilha de cálculo com os resultados dispostos conforme sugerido pela NB-92. Convém salientar que se o banheiro é do tipo privado, não há uso simultâneo das peças e a somatória dos pesos se restringe apenas à peça de maior peso.

Também no cálculo das pressões dinâmicas, não levamos em conta a perda de carga no barrilete, porque este é dimensionado depois e os valores daqueles não causam grandes variações nas pressões. Notar que as pressões, tanto dinâmicas quanto estáticas, não podem exceder a 40,0 m.

Se forem maior que este valor, deveremos usar válvulas de redução de pressão ou reservatórios intermediários.

Exercício nº 4

Dimensionar a coluna AF-1 (água fria nº 1), em PVC, indicada na figura 1.10, sabendo-se que esta alimenta em cada pavimento um quarto de banho de um apartamento composto de um vaso sanitário com válvula de descarga, um lavatório, um bidê e um chuveiro.

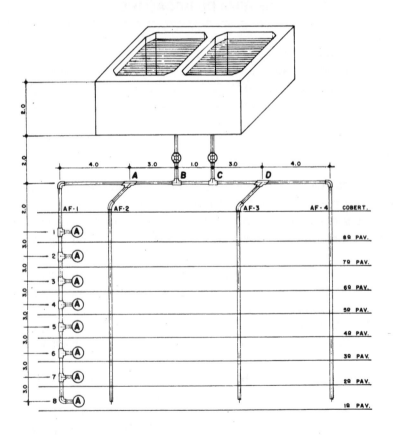

FIG. 1.10

Instalações de Água Fria (temperatura ambiente)

Solução

Sendo o banheiro do tipo privado, apenas uma peça será usada de cada vez; no caso tomemos a de maior peso que é o vaso e igual a 40, conforme tabela III. Nosso trabalho para resolução do problema será o preenchimento da planilha, conforme segue:

– **coluna 1** - indicamos aí o número da coluna de água que estamos dimensionando, no caso AF-1.

– **coluna 2** - escrevemos todos os pavimentos de cima para baixo, ou seja, do 8º ao 1º.

– **coluna 3** - como o dimensionamento é feito por trecho, indicamos nesta coluna estes trechos A-1, 1-2, 2-3 e, assim por diante até o trecho 7-8.

– **coluna 4** - é o peso de cada banheiro tirado da tabela III e que no caso é 40.

– **coluna 5** - é a soma acumulada dos pesos, nos diversos trechos, de baixo para cima. Isto porque no trecho 7-8 vai ter uma descarga equivalente ao peso 40, mas no trecho 6-7 vai ter 40 + 40 = 80 e assim até o peso total na coluna que é 320.

– **coluna 6 e 7** - com a somatória dos pesos em cada trecho, achamos as vazões e os diâmetros nestes mesmos trechos com auxílio do ábaco II.

– **coluna 8 e 12** - com as vazões e os diâmetros podemos determinar as velocidades e as perdas de cargas unitárias para os diversos trechos da coluna, observando o limite máximo de velocidade de 2,5 m/s, usando o ábaco IV.

– **coluna 9** - os comprimentos de cada trecho são tirados da figura, ou seja, dados do problema.

– **coluna 10** - relacionamos as conexões de cada trecho e determinamos os comprimentos equivalentes para estas conexões na tabela VI, isto porque a tubulação é de PVC e, se fosse galvanizada, seria a tabela V.

– **coluna 11** - é a soma dos valores das colunas 9 e 10.

– **coluna 13** - é a multiplicação dos valores das colunas 11 e 12.

– **coluna 14** - o primeiro valor 3,467 é o desnível entre o nível mínimo de água no reservatório e a primeira derivação menos a perda de carga no trecho A-1, ou seja 2,0 + 2,0 - 0,533 = 3,467 m.c.a. O valor seguinte é a pressão no ponto 1 (3,467) mais 3,0m, menos a perda de carga no trecho 1-2 (0,648), ou seja, 3,467 + 3,0 - 0,648 = 5,819 e assim sucessivamente até encontrar a pressão no ponto 8 que é 20,393 m.c.a.

INSTALAÇÕES HIDRÁULICAS
PLANILHA DE CÁLCULO
OBRA ....

Coluna	Pavimento	Trecho	Pesos		Vazão	Diâmetro	Velocidade	Comprimento			Perda de Carga		Pressão à Jusante
			Simples	Acumulados	lts/s	mm	m/s	m					m.c.a.
								Real	Equiv.	Total	Unitária	Total	
(1)	(2)	(3)	(4)	(5)	(6)	(7)	(8)	(9)	(10)	(11)	(12)	(13)	(14)
AF-1	8º	A-1	40	320	5,3	60	1,8	6,0	3,7	9,7	0,055	0,533	3,467
AF-1	7º	1-2	40	280	5,0	50	2,5	3,0	2,4	5,4	0,120	0,648	5,819
AF-1	6º	2-3	40	240	4,6	50	2,3	3,0	2,3	5,3	0,110	0,583	8,236
AF-1	5º	3-4	40	200	4,2	50	2,1	3,0	2,3	5,3	0,095	0,503	10,733
AF-1	4º	4-5	40	160	3,8	50	1,9	3,0	2,3	5,3	0,076	0,403	13,330
AF-1	3º	5-6	40	120	3,2	50	1,6	3,0	2,3	5,3	0,059	0,313	16,017
AF-1	2º	6-7	40	80	2,7	40	2,1	3,0	2,3	5,3	0,120	0,636	18,381
AF-1	1º	7-8	40	40	1,8	32	2,2	3,0	2,2	5,2	0,190	0,988	20,393

Instalações de Água Fria (temperatura ambiente)

1.3.6 - Barriletes

a) **Ramificado** - a exemplo das colunas, os barriletes deverão ser dimensionados por trechos, somando os pesos nos topos das colunas e, em função destes, determinamos os diâmetros de cada trecho com auxílio do ábaco II.

Exercício nº 5

Dimensionar o barrilete, indicado na figura 1.11, sabendo-se que este alimenta quatro colunas com os seguintes pesos: AF-1 = 320; AF-2 = 400; AF-3 = 160 e AF-4 = 80.

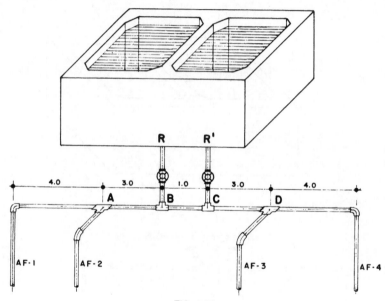

FIG. 1.11

Solução:

- Trecho AB:
    $P_{AB} = P_{AF1} + P_{AF2} = 320 + 400 = 720$
    com $P_{AB} = 720$ ⟶ ábaco II ⟶ $\varnothing = 60$ mm

- Trecho CD:
    $P_{CD} = P_{AF3} + P_{AF4} = 160 + 80 = 240$
    com $P_{CD} = 240$ ⟶ ábaco II ⟶ $\varnothing = 50$ mm

- Colar RBCR':
    $P_{RBCR'} = P_{AF1} + P_{AF2} + P_{AF3} + P_{AF4} = 320+400+160+80=960$
    com $P_{RBCR'} = 960$ ⟶ ábaco II ⟶ $\varnothing = 60$ mm

b) **Concentrado** - neste caso, todas as colunas partem do colar; então, basta somar os pesos nos topos das mesmas e, em função destes, determinando o diâmetro de todo o colar com auxílio do ábaco II.

Exercício nº 6

Dimensionar o barrilete indicado na figura 1.12, sabendo-se que este alimenta três colunas com os seguintes pesos: AF-1 = 280; AF-2 = 140 e AF-3 = 340

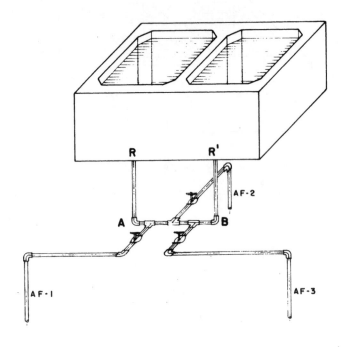

FIG. 1.12

Solução

— Colar RABR'
$P_{RABR'} = P_{AF1} + P_{AF2} + P_{AF3} = 280 + 140 + 340 = 760$
com $P_{RABR'} = 760$ ⎯⎯ ábaco II ⎯⎯▶ $\varnothing = 60mm$

Instalações de Água Fria (temperatura ambiente) 21

1.3.7 - Ramais

No dimensionamento dos ramais, deveremos somar os pesos das peças ligadas àquele ramal e, com o ábaco II, achamos o diâmetro do ramal; isto, se houver possibilidade de uso simultâneo, porque, caso contrário, o ramal deverá ter diâmetro do sub-ramal de maior peso.

Exercício nº 7

Dimensionar os ramais indicados na figura 1.13, sabendo-se que os vasos sanitários são alimentados com válvulas de descarga e os mictórios através de descarga descontínua.

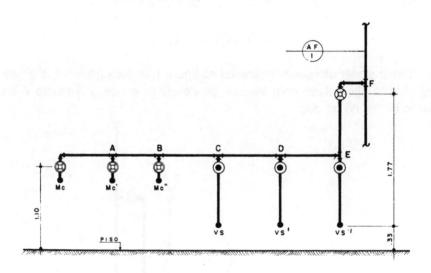

FIG. 1.13

Solução

- Trecho AB:
  $P_{AB} = P_{AMc} + P_{AMc'} = 0,3 + 0,3 = 0,6$ tab. III
  com $P_{AB} = 0,6$ ———— ábaco II ———▶ $\varnothing = 20$mm

- Trecho BC:
  $P_{BC} = P_{AB} + P_{BMc"} = 0,6 + 0,3 = 0,9$ tab. III
  com $P_{BC} = 0,9$ _____ ábaco II ➔ $\varnothing = 20$mm

- Trecho CD:
  $P_{CD} = P_{BC} + P_{CVs} = 0,9 + 40,0 = 40,9$ tab. III
  com $P_{CD} = 40,9$ _____ ábaco II ➔ $\varnothing = 32$mm

- Trecho DE:
  $P_{DE} = P_{DC} + P_{DVs'} = 40,9 + 40,0 = 80,9$ tab. III
  com $P_{DE} = 80,9$ _____ ábaco II ➔ $\varnothing = 40$mm

- Trecho EF:
  $P_{DF} = P_{DE} + P_{EVs"} = 80,9 + 40,0 = 120,9$ tab. III
  com $P_{DF} = 120,9$ _____ ábaco II ➔ $\varnothing = 50$mm

Exercício nº 8

Dimensionar os ramais indicados na figura 1.14, sabendo-se que o vaso sanitário é alimentado com válvula de descarga e que o conjunto é um quarto de banho privado.

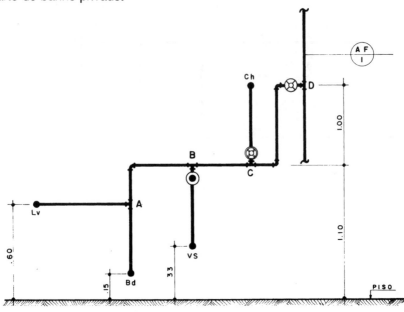

FIG. 1.14

Instalações de Água Fria (temperatura ambiente)

Solução

Como é do tipo privado e todas as peças dentro de um mesmo compartimento, não há possibilidade de uso simultâneo. Dimensionamos então os ramais, apenas, para os sub-ramais de maior peso.

- Trecho AB:

$P_{AB} = P_{ALv} = 0,5$ maior peso – tab. III

com $P_{AB} = 0,5$ $\underrightarrow{\text{ábaco II}}$ $\emptyset = 20mm$

- Trecho BC:

$P_{BC} = P_{BVs} = 40$ maior peso – tab III

com $P_{BC} = 40$ $\underrightarrow{\text{ábaco II}}$ $\emptyset = 32mm$

- Trecho CD:

$P_{CD} = P_{BVs} = P_{BC} = 40$ maior peso – tab. III

com $P_{CD} = 40$ $\underrightarrow{\text{ábaco II}}$ $\emptyset = 32mm$

1.3.8. - Sub-ramais

Os diâmetros dos sub-ramais são dados diretamente na tabela VII, ficando o dimensionamento restrito aos valores nela indicados.

1.4 - ABREVIAÇÕES

N.A.	-	Nível d'água
AF	-	Coluna de água fria
Ch	-	Chuveiro
Bd	-	Bidê
Lv	-	Lavatório
Vs	-	Vaso sanitário
Bh	-	Banheira
Tq	-	Tanque
F	-	Filtro
Mc	-	Mictório
Ml	-	Máquina de lavar roupas
Bb	-	Bebedouro

1.5 - CONVENÇÕES:

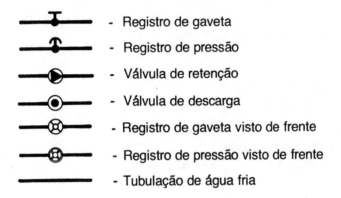

1.6 - TABELAS PARA DIMENSIONAMENTO DAS INSTALAÇÕES DE ÁGUA FRIA

TABELA I
Estimativa de População

Local	Taxa de Ocupação
Residência e apartamentos	Duas pessoas por dormitório
Bancos	Uma pessoa por 5,00 m²
Escritórios	Uma pessoa por 6,00 m²
Pavimento térreo	Uma pessoa por 2,50 m²
Lojas - pavimento superior	Uma pessoa por 5,00 m²
Museus e bibliotecas	Uma pessoa por 5,00 m²
Salas de hotéis	Uma pessoa por 5,50 m²
Restaurantes	Uma pessoa por 1,40 m²
Salas de operações (hospitais)	Oito pessoas
Teatro, cinemas e auditórios	Uma cadeira para cada 0,70 m²

Instalações de Água Fria (temperatura ambiente)

TABELA II

Consumo Predial Diário (*)

Prédio	Consumo Litros/Dia
Alojamentos provisórios	80 per capita
Ambulatórios	25 per capita
Apartamentos	200 per capita
Casas populares ou rurais	120 per capita
Cavalariças	100 por cavalo
Cinemas e teatros	2 por lugar
Creches	50 per capita
Ediffcios públicos ou comerciais	50 per capita
Escolas - externatos	50 per capita
Escolas - internatos	150 per capita
Escolas - semi-internatos	100 per capita
Escritórios	50 per capita
Garagens	50 por automóvel
Hotéis (s/ cozinha e s/ lavanderia)	120 por hóspede
Jardins	1,5 por m^2
Lavanderias	30 por kg de roupa seca
Matadouros - animais de grande porte	300 por cabeça abatida
Matadouros - animais de pequeno porte	150 por cabeça abatida
Mercados	5 por m de área
Oficina de costura	50 per capita
Orfanatos, asilos, berçários	150 per capita
Postos de serviço p/ automóveis	150 por veículo
Quartéis	150 per capita
Residências	150 per capita
Restaurantes e similares	25 por refeição
Templos	2 por lugar

(*) Os valores citados são estimativos, devendo ser definido o valor adquado a cada projeto.

NB-92 da ABNT

TABELA III

Pesos Relativos das Peças de Utilização

Peças de Utilização	Peso P
Bacia sanitária com caixa de descarga	0,3
Bacia sanitária com válvula de descarga	40,0
Banheira	1,0
Bebedouro	0,1
Bidê	0,1
Chuveiro	0,5
Lavatório	0,5
Máquina de lavar pratos	1,0
Máquina de lavar roupa	1,0
Mictório de descarga contínua, por metro ou por aparelho	0,2
Mictório de descarga descontínua	0,3
Pia de despejo	1,0
Pia de cozinha	0,7
Tanque de lavar	1,0

NB-92 da ABNT

Instalações de Água Fria (temperatura ambiente)

TABELA IV

Velocidades e Vasões Máximas

Diâmetro Nominal		Velocidade Máxima	Vazão Máxima
DN	(REF)		
mm	polegada	m/s	lts/s
15	(1/2)	1,60	0,2
20	(3/4)	1,95	0,6
25	(1)	2,25	1,2
32	(1.1/4)	2,50	2,5
40	(1.1/2)	2,50	4,0
50	(2)	2,50	5,7
60	(2.1/2)	2,50	8,9
75	(3)	2,50	12,0
100	(4)	2,50	18,0
125	(5)	2,50	31,0
150	(6)	2,50	40,0

NB-92 da ABNT

T A B E L A   V

Perdas de Cargas Localizadas - Sua Equivalência em Metros
de Tubulação de Aço Galvanizado ou de Ferro Fundido

Diâmetro Nominal		Joelho 90º	Joelho 45º	Curva 90º	Curva 45º	Tê Passag. Direita	Tê Saída Lado	Tê Saída Bilateral	Entrada Normal	Entrada de Borda	Saída da Canal	Válvula de Pé c/ Crivo	Válvula Retenção Tipo Leve	Válvula Retenção Tipo Pesado	Registro Globo Aberto	Registro Gaveta Aberto	Registro Ângulo Aberto
DN mm	(Ref.) Pol																
15	(1/2)	0,5	0,2	0,2	0,2	0,3	1,0	1,0	0,2	0,4	0,4	3,6	1,1	1,6	4,9	0,1	2,6
20	(3/4)	0,7	0,3	0,3	0,2	0,4	1,4	1,4	0,2	0,5	0,5	5,6	1,6	2,4	6,7	0,1	3,6
25	(1)	0,8	0,4	0,3	0,2	0,5	1,7	1,7	0,3	0,7	0,7	7,3	2,1	3,2	8,2	0,2	4,6
32	(1.1/4)	1,1	0,5	0,4	0,3	0,7	2,3	2,3	0,4	0,9	0,9	10,0	2,7	4,0	11,3	0,2	5,6
40	(1.1/2)	1,3	0,6	0,5	0,3	0,9	2,8	2,8	0,5	1,0	1,0	11,6	3,2	4,6	13,4	0,3	6,7
50	(2)	1,7	0,8	0,6	0,4	1,1	3,5	3,5	0,7	1,5	1,5	14,0	4,2	6,4	17,4	0,4	8,5
60	(2.1/2)	2,0	0,9	0,8	0,5	1,3	4,3	4,3	0,9	1,9	1,9	17,0	5,2	8,1	21,0	0,4	10,0
75	(3)	2,5	1,2	1,0	0,6	1,6	5,2	5,2	1,1	2,2	2,2	20,0	6,3	9,7	26,0	0,5	13,0
100	(4)	3,4	1,5	1,3	0,7	2,1	6,7	6,7	1,6	3,2	3,2	23,0	8,4	12,9	34,0	1,7	17,0
125	(5)	4,2	1,9	1,6	0,9	2,7	8,4	8,4	2,0	4,0	4,0	30,0	10,4	16,1	43,0	0,9	21,0
150	(6)	4,9	2,3	1,9	1,1	3,4	10,0	10,0	2,5	5,0	5,0	39,0	12,5	19,3	51,0	1,1	26,0

NB-92 da ABTN

Instalações de Água Fria (temperatura ambiente)

T A B E L A VI

Perdas de Cargas Localizadas - Sua Equivalência em Metros de Tubulação de PVC Rígido ou Cobre

Diâmetro Nominal		Joelho 90°	Joelho 45°	Curva 90°	Curva 45°	Tê Passag. Direita	Tê Saída Lado	Tê Saída Bilateral	Entrada Normal	Entrada de Borda	Saída da Canal	Válvula de Pé c/ Crivo	Válvula Retenção Tipo Leve	Válvula Retenção Tipo Pesado	Registro Globo Aberto	Registro Gaveta Aberto	Registro Ângulo Aberto
DN (mm)	(Ref.) Pol																
15	(1/2)	1,1	0,4	0,4	0,2	0,7	2,3	2,3	0,3	0,9	0,8	8,1	2,5	3,6	11,1	0,1	5,9
20	(3/4)	1,2	0,5	0,5	0,3	0,8	2,4	2,4	0,4	1,0	0,9	9,5	2,7	4,1	11,4	0,2	6,1
25	(1)	1,5	0,7	0,6	0,4	0,9	3,1	3,1	0,5	1,2	1,3	13,3	3,8	5,8	15,0	0,3	8,4
32	(1.1/4)	2,0	1,0	0,7	0,5	1,5	4,6	4,6	0,6	1,8	1,4	15,5	4,9	7,4	22,0	0,4	10,5
40	(1.1/2)	3,2	1,3	1,2	0,6	2,2	7,3	7,3	1,0	2,3	3,2	18,3	6,8	9,1	35,8	0,7	17,0
50	(2)	3,4	1,5	1,3	0,7	2,3	7,6	7,6	1,5	2,8	3,3	23,7	7,1	10,8	37,9	0,8	18,5
60	(2.1/2)	3,7	1,7	1,4	0,8	2,4	7,8	7,8	1,6	3,3	3,5	25,0	8,2	12,5	38,0	0,9	19,0
75	(3)	3,9	1,8	1,5	0,9	2,5	8,0	8,0	2,0	3,7	3,7	26,8	9,3	14,2	40,0	0,9	20,0
100	(4)	4,3	1,9	1,6	1,0	2,6	8,3	8,3	2,2	4,0	3,9	28,6	10,4	16,0	42,3	1,0	22,1
125	(5)	4,9	2,4	1,9	1,1	3,3	10,0	10,0	2,5	5,0	4,9	37,4	12,5	19,2	50,9	1,1	26,2
150	(6)	5,4	2,6	2,1	1,2	3,8	11,1	11,1	2,8	5,6	5,5	43,4	13,9	21,4	56,7	1,2	28,9

NB-92 da ABTN

TABELA VII

Diâmetros Mínimos dos Sub-ramais

Peças de Utilização	Diâmetro Nominal	
	DN	(ref)
	mm	(–)
Aquecedor de alta pressão	15	(1/2)
Aquecedor de baixa pressão	20	(3/4)
Bacia sanitária com caixa de descarga	15	(1/2)
Bacia sanitária com válvula de descarga	32	(1.1/4)
Banheira	15	(1/2)
Bebedouro	15	(1/2)
Bidê	15	(1/2)
Chuveiro	15	(1/2)
Filtro de pressão	15	(1/2)
Lavatório	15	(1/2)
Máquina de lavar pratos	20	(3/4)
Máquina de lavar roupas	20	(3/4)
Mictório de descarga contínua, por metro ou aparelho	15	(1/2)
Mictório de descarga descontínua	15	(1/2)
Pia de cozinha	15	(1/2)
Pia de despejo	20	(3/4)
Tanque de lavar roupa	20	(3/4)

NB-92 da ABNT

TABELA VIII

Diâmetros Nominais de Projeto e de Fabricação

Diâmetro Nominal de Projeto		Tipos de Tubos e Diâmetros de Fabricação				
		Aço Galvanizado	Ferro Fundido	Cobre	PVC Rígido Rosqueável	PVC Rígido Soldável
DN	(Ref)	d_e	d_e	d_e	d_e	d_e
mm	(–)	mm	mm	mm	mm	mm
10	(3/8")	17	–	12	17	16
15	(1/2")	21	–	15	21	20
20	(3/4")	27	–	22	26	25
25	(1")	34	–	28	33	32
32	(1.1/4")	42	–	35	42	40
40	(1.1/2")	48	–	42	48	50
50	(2")	60	66	54	60	60
60	(2.1/2")	76	77	67	75	75
75	(3")	88	92	80	88	85
100	(4")	114	118	106	113	110
125	(5")	140	144	–	138	140
150	(6")	165	170	–	164	160

d_e = diâmetro externo

NB-92 da ABNT

1.7 - ÁBACOS PARA DIMENSIONAMENTO DAS INSTALAÇÕES DE ÁGUA FRIA

ÁBACO Nº I

Ábaco para a Determinação do Diâmetro Econômico de Recalque de uma Bomba Segundo a Fórmula de Forchheimer Modificada

$$D_{(m)} = 1,3 \; h^{0,25} \sqrt{Q}$$

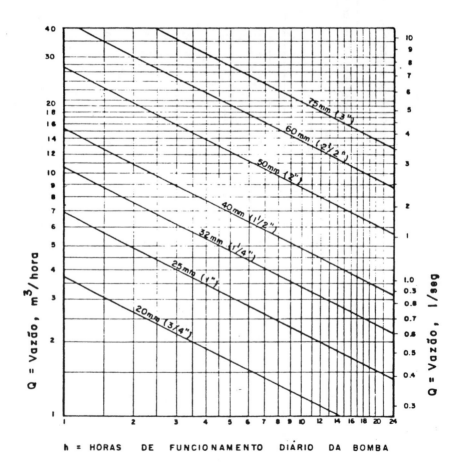

h = HORAS DE FUNCIONAMENTO DIÁRIO DA BOMBA

Instalações de Água Fria (temperatura ambiente) 33

ÁBACO Nº II

Diâmetros e Vazões em Função da Soma dos Pesos

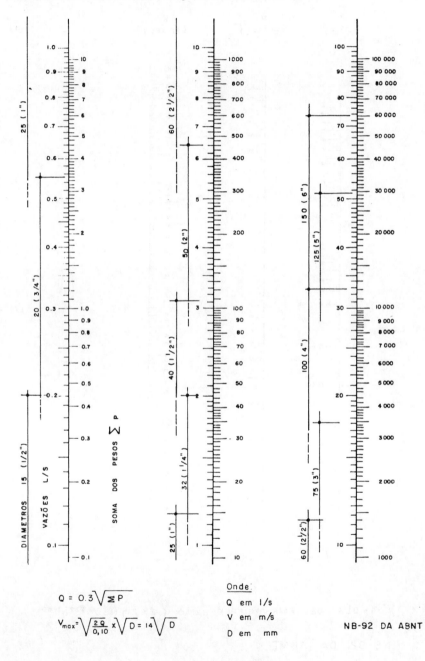

$Q = 0.3\sqrt{\Sigma P}$

$V_{max} = \sqrt{\dfrac{2Q}{0,10}} \times \sqrt{D} = 14\sqrt{D}$

Onde:
Q em l/s
V em m/s
D em mm

NB-92 DA ABNT

ÁBACO Nº III

Encanamento de Aço Galvanizado

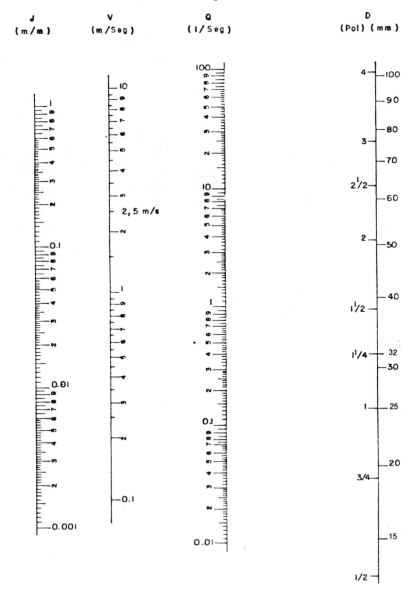

FÓRMULA DE FAIR-WHIPPLE-HSIAO ($Q = 27,113 \, J^{0,632} D^{2,596}$)

NB-92 DA ABNT

Instalações de Água Fria (temperatura ambiente)

ÁBACO Nº IV

Encanamento de Cobre ou Plástico

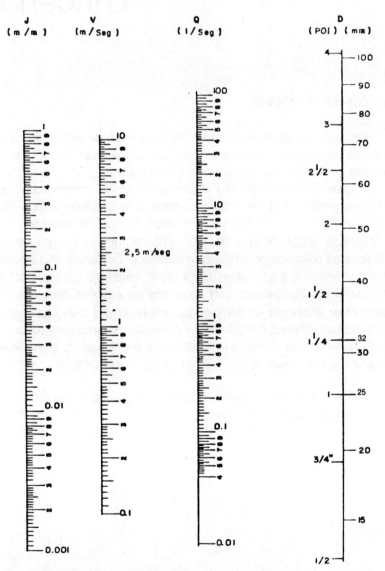

FÓRMULA DE FAIR-WHIPPLE-HSIAO ($Q = 55,934 \, J^{0,571} D^{2,714}$)

NB-92 DA ABNT

CAPÍTULO 2

Instalações de combate a incêndio

2.1 - GENERALIDADES

Nos edifícios, as possibilidades de ocorrência de incêndios não podem de forma alguma ser descartadas, porque os materiais usados na construção e no mobiliário, são passíveis de combustão.

As causas de incêndio são várias; porém, eis as mais comuns: curto-circuitos nas instalações elétricas, aquecimento excessivo de ferro de passar roupas, tocos de cigarros em cesto de papel, escape de gases etc.

Grandes prejuízos têm causado, principalmente nos grandes centros, pela falta de cuidados com relação a qualquer dos ítens acima apontados. A fim de combater o fogo, porventura iniciado, os prédios deverão ser dotados de dispositivos apropriados **sob comando ou automáticos**, e até mesmo para melhor eficiência da combinação criteriosa dos dois sistemas, dependendo do tipo de ocupação, da altura do prédio, da área construída etc.

As substâncias a serem utilizadas para a extinção do fogo dependerão da natureza dos materiais causadores da combustão, assim:

- **madeira, tecido, algodão e papel** - usar água ou espuma química;
- **líquidos inflamáveis, graxas e óleos** - usar espuma química, compostos químicos em pó, gás carbônico e compostos fluorcarbonados;

Instalações de Combate a Incêndio 37

- **equipamento elétrico** - usar pó químico, gás carbônico, compostos fluorcarbonados, ou quando os circuitos elétricos puderem ser desligados, empregar espuma química ou água;
- **fogo em materiais, como o magnésio** - usar grafites, cloreto de bário, limalha de ferro, sal gema, areia etc.

2.2 - SISTEMA SOB COMANDO

Consiste em dispositivos postos a funcionar sob interferência de um operador, utilizando água ou extintores portáteis com espuma química, pó químico, gás carbônico etc.

2.2.1 - Hidráulico

De acordo com os Códigos de Segurança Contra Incêndio, nos diversos Estados brasileiros, este sistema é exigido quando:
a) Os prédios possuírem três ou mais pavimentos, independente da área de construção.
b) Os prédios possuírem menos de três pavimentos; porém com área de construção superior a 1.500 m^2.
c) Os prédios forem destinados a garagens, qualquer que seja o número de pavimentos e a área de construção.

2.2.1.1 - Reserva técnica

É a quantidade de água, mínima necessária, para combate a incêndio, localizada no reservatório superior e calculada da seguinte forma: 6.000 litros para quatro caixas de incêndio mais quinhentos litros por caixa excedente. Resumindo, Reserva Técnica = 6.000 + (N - 4) x 500 sendo N o número de caixas de incêndio e que deverá ser maior ou igual a 4.

Exercício nº 1

Calcular a reserva técnica para um edifício de apartamentos com 12 pavimentos e uma caixa de incêndio em cada pavimento.

Solução

Número de caixas de incêndio = 12
Volume da reserva técnica = 6.000 + (12 - 4) x 500 = 10.000 litros.

Quando o edifício não for dotado de reservatório superior para distribuição de água por gravidade, o abastecimento da rede preventiva de combate a incêndio deverá ser feito pelo reservatório inferior através de um conjunto de bombas de acionamento independente e comando automático. Neste caso, a reserva técnica é calculada da mesma forma anterior.

2.2.1.2 - Canalização

A canalização deverá ser de ferro, resistente à pressão de 18,0 kg/cm^2 e de diâmetro nominal 60mm (2 1/2"), saindo do fundo do reservatório superior e alimentando as caixas de incêndio, indo terminar no registro de passeio. Esta tubulação possui seu próprio barrilete, o qual deverá ser dotado de registro de gaveta, luva de união para desmontagem e válvula de retenção para impedir o transbordamento de água no reservatório quando do bombeamento pelo Corpo de Bombeiros no registro de passeio, conforme indicado na figura 2.1.

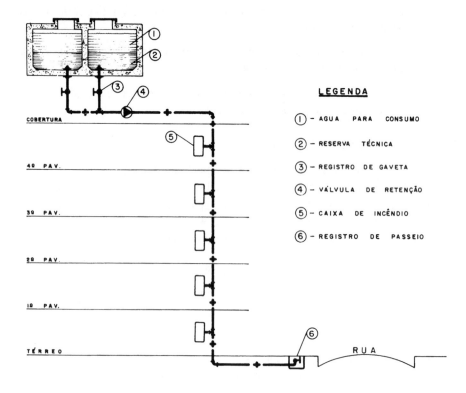

FIG. 2.1

2.2.1.3 - Caixa de incêndio

As caixas de incêndio deverão ter forma paralelepípedica e com dimensões mínimas de 0,75 x 0,45 x 0,17 m, para mangueiras até 20,0 m e de 0,90 x 0,60 x 0,17 para mangueiras maiores, onde são abrigados registros de gaveta de 60 mm (2 1/2") acoplados a uma mangueira de 40 mm (1 1/2") com esguicho com requintes de 7 a 13 mm em sua extremidade.

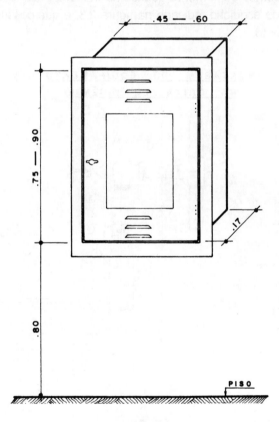

FIG. 2.2

As mangueiras, nas caixas, não deverão ser enroladas e sim dobradas a fim de facilitar o manuseio, e deverão possuir comprimentos entre 10,0 a 30,0 m, variando de 5,0 em 5,0 m, ou seja 10,0; 15,0; 20,0; 25,0 e 30,0 m, comprimento este calculado medindo-se a distância do percurso entre a caixa e o ponto mais distante a proteger.

As mangueiras deverão ser resistentes de forma a suportar pressões até 8,0 kg/cm², podendo ser de **nylon** ou borracha. A cor padrão, exigida por normas, nas caixas, é a vermelha e, no visor transparente, deverá ser escrita a palavra INCÊNDIO.

O número de caixas de incêndio será determinado pela quantidade de pavimentos e extensão da área a proteger, observando-se o comprimento máximo de 30,0 m para as mangueiras.

No caso de incêndios em querosene, óleos combustíveis industriais, óleos de transformadores, asfalto, óleos comestíveis, vernizes, thinners e muitos dos solventes comumente usados na indústria, usar esguicho de neblina ao invés do esguicho indicado na figura 2.3, e que possui o mesmo tipo de acoplamento.

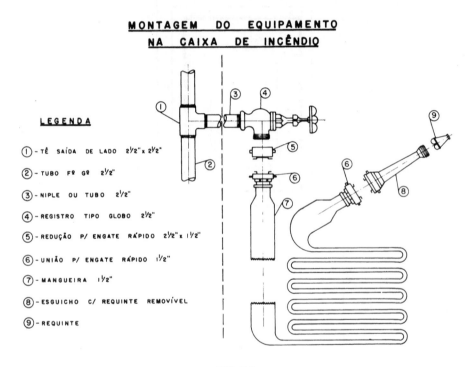

FIG. 2.3

2.2.1.4 - Registro de passeio

A tubulação para combate a incêndio termina no registro de passeio, normalmente de gaveta, e protegido por uma caixa de 0,30 x 0,40 x 0,40 m, com tampa metálica de 0,30 x 0,40 m, tendo a inscrição INCÊNDIO.

A profundidade da boca do registro deverá ser de 0,15 m, com a caixa situada no passeio em frente ao edifício a proteger e a 0,60 m do meio fio.

Instalações de Combate a Incêndio

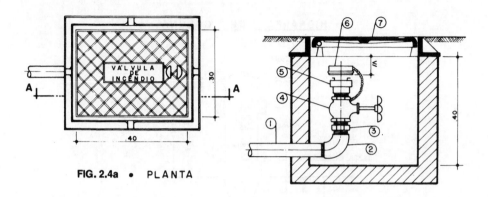

FIG. 2.4a • PLANTA

FIG. 2.4b • CORTE AA

LEGENDA

① — TUBO Fº Gº 2 1/2"

② — JOELHO 90° x 2 1/2"

③ — NIPLE DUPLO Fº Gº 2 1/2"

④ — REGISTRO GLOBO 2 1/2"

⑤ — ADAPTADOR C/ ROSCA MACHO P/ ENGATE RÁPIDO 2 1/2"

⑥ — TAMPÃO C/ ENGATE RÁPIDO C/ CORRENTE

⑦ — TAMPA DE FERRO

2.2.1.5 - Hidrante

É um dispositivo na rede pública de distribuição de água, com a finalidade de suprir o prédio quando do combate a incêndio.

Através de um caminhão apropriado do Corpo de Bombeiros, a água é bombeada com a mangueira de sucção acoplada ao hidrante, e a mangueira de recalque ao registro de passeio.

Os hidrantes são localizados no passeio a uma distância máxima de 100,0 m um do outro e a 0,60 m do meio-fio e de preferência em esquinas, porque são zonas de estacionamento proibido. Quando fora das esquinas e mesmo nestas, em frente ao hidrante devem ser colocados os sinais convencionais de proibição de estacionamento de veículos.

Há dois tipos de hidrante: de coluna e subterrâneo, sendo que os mais usados são os de coluna e, nestes, a cor usada é a vermelha e em ambos a pressão máxima de serviço será de 10,0 Kgf/cm^2.

HIDRANTE DE COLUNA

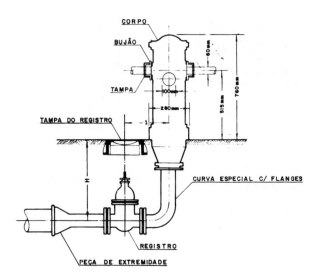

FIG. 2.5

HIDRANTE SUBTERRÂNEO

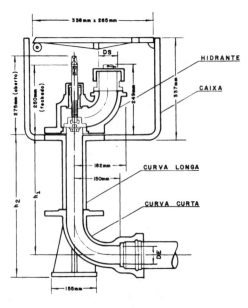

FIG. 2.6

Instalações de Combate a Incêndio

2.2.2 - Extintores portáteis

Além do sistema hidráulico para combate a incêndio, é obrigatório o uso de extintores portáteis de pó químico, gás carbônico etc., localizados em pontos estratégicos e de forma bem visíveis e onde o fogo não bloqueia o acesso aos mesmos. Nos locais destinados aos extintores, deve ser pintado um círculo vermelho com bordos amarelos de raio mínimo 0,10 m. A parte superior do extintor deverá estar a 1,80 do piso acabado.

A quantidade de extintores será determinada em obediência à seguinte tabela:

TABELA 1

Risco	Área de Proteção	Distância Máxima para Alcance do Operador
Pequeno	250 m²	20 m
Médio	150 m²	15 m
Grande	100 m²	10 m

2.3 - SISTEMA AUTOMÁTICO

Vimos até aqui o sistema sob comando, tanto hidráulico como portátil e, agora, passaremos para o sistema automático, que é muito usado e tem demonstrado eficiência em inúmeros casos.

O mais difundido é o chuveiro tipo "SPRINKLER", o qual funciona tão logo inicia o incêndio sem a necessidade da ação de qualquer operador.

O "sprinkler" é dotado de uma peça especial (figura 2.7), que veda a passagem da água e possui baixo ponto de fusão. Com a elevação da temperatura exterior, a peça rompe e derrama água, sob forma de chuveiro, na região abaixo do mesmo. Tem a grande vantagem de operar apenas nos pontos de elevação de temperatura, ou seja, onde se localiza o incêndio ou início do sinistro. Quando o uso da água for contra-indicado, podem ser utilizados outros líquidos ou gases apropriados.

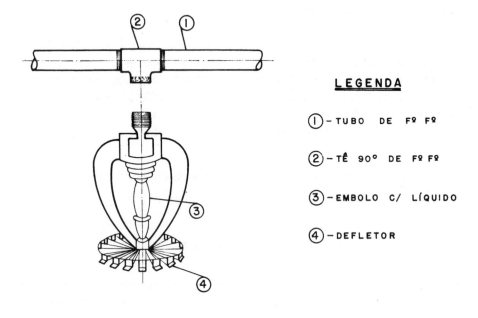

FIG. 2.7

2.3.1 - Escolha do tipo de "Sprinkler"

O tipo do "sprinkler", ou seja, a temperatura de fusão do êmbolo (fusível), deve ser determinado em função da natureza do material para o qual a temperatura corre risco de iniciar a combustão.

Não apresentamos aqui uma tabela para escolha, pois esta temperatura e cor do líquido no êmbolo é diferente de fabricante para fabricante, no caso é só consultar os catálogos próprios.

2.3.2 - Número de "sprinklers" e reserva técnica

O número de "sprinklers", para a área a proteger, é escolhido conforme recomendado na tabela 2 e a reserva técnica fica no reservatório superior e de uso exclusivo dos chuveiros automáticos tipo "sprinkler". O valor desta reserva, colocado na tabela 2, é função do número de bicos a funcionar dependendo do risco, vazão de descarga de cada bico e tempo necessário para extinção do incêndio.

Instalações de Combate a Incêndio 45

TABELA 2

Risco	Área por Sprinkler m²	Distância entre Sprin- kler (m)	Densidade Média MM/min	Vazão 1/min	Reserva Técnica m³
Pequeno	21,0	4.5	2,25	47	9,0 à 11,0
Médio	12,0	4,0	5,00	60	55 à 185
Grande	9,0	3,5	7,50	67,5	225 à 500

2.3.3 - Canalizações

A canalização que alimenta os "sprinklers" normalmente é aparente e presa ao teto por meio de braçadeiras. Caso não haja pressão suficiente, a rede deverá ser pressurizada através de um tanque de pressão, de modo a manter uma pressão mínima de 1,0 Kg/cm² ao "sprinkler" de localização mais desfavorável.

Ligada a rede de alimentação dos "sprinklers" existe uma bomba que é posta a funcionar através de um pressostato, sempre que haja redução da pressão na canalização. Haverá também uma válvula de de fluxo que acionará o alarme quando houver passagem d'água decorrente do funcionamento de um ou mais bicos. Este alarme deverá ser instalado na portaria do edifício. A bomba deverá ter capacidade para manter a pressão mínima de 1,0 Kg/cm² em qualquer bico e vazão de acordo com o número de bicos a funcionar.

A canalização é composta de três partes:

a) coluna

b) ramal

c) sub-ramal

46   *Instalações Prediais Hidráulico-Sanitárias*

2.3.3.1 - Coluna

A coluna tem origem no barrilete de uso exclusivo para combate a incêndios e alimenta em cada pavimento os ramais. O dimensionamento é feito de acordo com a tabela 3.

TABELA 3

Dimensionamento de Colunas

Diâmetro das Colunas	Número de Sprinklers		
	Risco Pequeno	Risco Médio	Risco Grande
40 mm (1'/2")	5	5	4
50 mm (2")	9	9	8
60 mm (2'/2")	13	13	13
75 mm (3")	80	22	18
100 mm (4")		72	55
125 mm (5")		130	80
150 mm (6")		250	110

2.3.3.2 - Ramal

O ramal parte da coluna e alimenta os sub-ramais e, para o dimensionamento, é adotado os valores indicados na tabela 4.

2.3.3.3 - Sub-ramal

Sub-ramal é a parte da canalização que tem origem no ramal onde é colocado os "sprinklers", tendo em conta que esta quantidade deverá ser me-

Instalações de Combate a Incêndio 47

nor ou igual a 06 (seis). O dimensionamento é feito de acordo com os mesmos critérios dos ramais e conforme indicado na tabela 4.

TABELA 4

Dimensionamento de Ramais e Sub-ramais

Diâmetro dos Ramais e Sub-ramais	Número de Sprinklers		
	Risco Pequeno	Risco Médio	Risco Grande
25 mm (1")	2	2	1
32 mm (1'/4")	3	3	2
40 mm (1'/2")	5	5	5
50 mm (2")	10	10	8
60 mm (2'/2")	40	20	15
75 mm (3")		40	25
100 mm (4")		100	55
125 mm (5")		160	90
150 mm (6")		250	150

Exercício nº 2

Achar o número de "sprinklers" e dimensionar a coluna, o ramal e os sub-ramais de um sistema automático de proteção contra incêndio para um compartimento de 18,0 x 15,0 m e com grande risco de sinistro.

Solução:

a) Cálculo do número de sprinklers = $\dfrac{18,0 \times 15,0}{9,0} = 30$

48 *Instalações Prediais Hidráulico-Sanitárias*

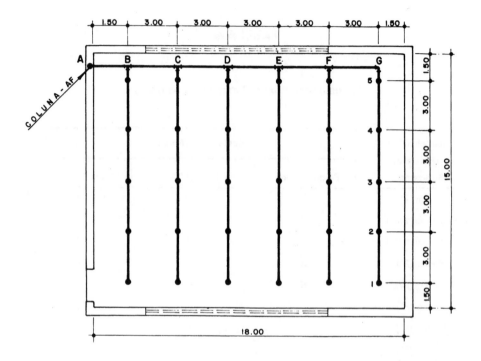

FIG. 2.8

b) Cálculo da coluna:

Para nº de sprinklers = 30 >Tab. 3→   ∅ = 100 mm (4")

c) Cálculo do ramal:

Trecho AB - Nº sprinklers = 30   Tab. 4   ∅ = 100 mm (4")
Trecho BC - Nº sprinklers = 25   Tab. 4   ∅ = 75 mm (3")
Trecho CD - Nº sprinklers = 20   Tab. 4   ∅ = 75 mm (3")
Trecho DE - Nº sprinklers = 15   Tab. 4   ∅ = 60 mm (2 1/2")
Trecho EF - Nº sprinklers = 10   Tab. 4   ∅ = 60 mm (2 1/2")
Trecho FG - Nº sprinklers = 5   Tab. 4   ∅ = 40 mm (1 1/2")

Instalações de Combate a Incêndio

d) Cáculo do sub-ramaí

Trecho 1-2 - Nº sprinklers = 1   Tab. 4 $\varnothing$ = 25 mm (1")
Trecho 2-3 - Nº sprinklers = 2   Tab. 4 $\varnothing$ = 32 mm (1 1/4")
Trecho 3-4 - Nº sprinklers = 3   Tab. 4 $\varnothing$ = 40 mm (1 1/2")
Trecho 4-5 - Nº sprinklers = 4   Tab. 4 $\varnothing$ = 40 mm (1 1/2")
Trecho 5-G - Nº sprinklers = 5   Tab. 4 $\varnothing$ = 40 mm (1 1/2")

CAPÍTULO 3

Instalações de água quente

3.1 - GENERALIDADES

A água quente, nas instalações prediais, é usada mais como conforto quer em banhos, cozinhas, lavanderias etc. As condições básicas evidenciadas nas instalações de água fria devem também prevalecer nas instalações de água quente com as variantes próprias desta parte e de acordo com a NB-128 da ABNT. Com relação ao tipo de aquecimento, podemos distinguir dois casos: **instantâneo** e **acumulação.** O uso de um ou de outro está ligado ao aspecto econômico e raramente técnico, isto é depende muito do grau de conforto que se pretende alcançar. As fontes de aquecimento são variadas, sendo as mais comuns: eletricidade, lenha, gás, óleo e, mais recentemente, solar.

3.2 - AQUECIMENTO INSTANTÂNEO

O aquecimento instantâneo pode ser **individual,** isto é, quando a água é aquecida no próprio ponto de consumo, ou **central,** quando se processa o aquecimento num aparelho e o consumo se dá em pontos diferentes, porém quase sempre dentro de um mesmo compartimento ou quarto de banho.

Instalações de Água Quente

3.2.1 - Aquecimento instantâneo individual

Neste tipo de instalação, a fonte de energia utilizada é a elétrica, devido às condições favoráveis.

Como exemplo, temos os chuveiros e torneiras elétricas, que, apesar de apresentarem muitas vantagens, também possui suas desvantagens. Como pontos positivos, podemos citar o baixo custo e facilidade de instalação e manutenção, por outro lado, temos os riscos de choques elétricos e vazões bastante limitadas.

3.2.2 - Aquecimento instantâneo central

No aquecimento instantâneo central, tanto podemos usar a energia elétrica como o gás, sendo este cada vez mais em desuso, devido à crescente escassez de petróleo. Podemos chamar este tipo de central privado, pois abastece apenas as diversas peças de um mesmo quarto de banho, enquanto que, a rigor, aquecimento central é aquele que abastece simultaneamente vários banheiros. Temos também o caso de aquecimento central coletivo, que consiste no fornecimento de água quente para todo o edifício de uma única unidade de aquecimento.

3.2.2.1 - Aquecimento instantâneo central elétrico

Hoje, no mercado brasileiro, existem várias marcas destes aquecedores e com graus de aperfeiçoamento avançados. Uns são embutidos na parede, coincidindo com o assentamento dos azulejos, e um destes servindo de tampa da caixa, outros são aparentes geralmente, em pontos menos visíveis como debaixo de lavatórios, etc., Figura 3.1.

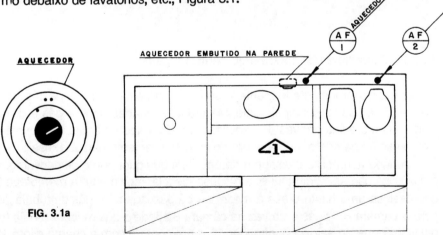

FIG. 3.1a

FIG. 3.1b • PLANTA

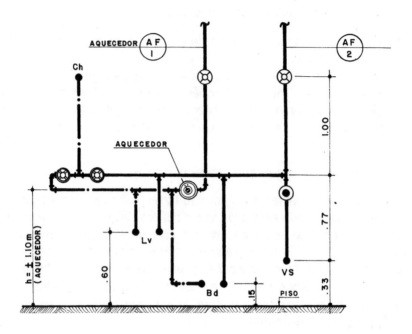

OBS.:

O aquecedor deve ser instalado numa tubulação independente e completamente separada da válvula de descarga do banheiro. Nunca alimentar o aquecedor com água direta da rua.

FIG. 3.1c • VISTA 1

3.2.2.2 - Aquecimento instantâneo central à gás

Como dissemos anteriormente, o seu uso está em constante decréscimo, mas ainda é usado, principalmente nas grandes cidades onde o gás é distribuído nas moradias através de canalizações. Este tipo de aquecedor é instalado preso na parede e a uma altura do chão conveniente para manuseio.

Quando abrimos a passagem de água em qualquer ponto de consumo, a pressão na câmara 2 diminui e, em conseqüência, movimenta a membrana 3 que desloca uma haste presa à mesma e dá passagem do gás da tubulação para a câmara 8. O gás uma vez na câmara 8 atinge o queimador 10 pela tubulação 9 que ao sair do queimador 10 e em contato com a chama piloto 12 inflama imediatamente aquecendo assim a serpentina 4 e esquentando a

Instalações de Água Quente

água em circulação na mesma. Quando fechamos a passagem de água no ponto de consumo a pressão na câmara 2 aumenta e a membrana movimenta deslocando a haste que por sua vez fecha a passagem do gás e a chama, no queimador, é apagada, ficando apenas a chama piloto acesa.

Para maior segurança quanto a vazamentos de gás é conveniente manter os registros 7 fechados sempre que não houver necessidade de uso. O desenho (fig. 3.2) é esquemático, os detalhes construtivos apresentam variações.

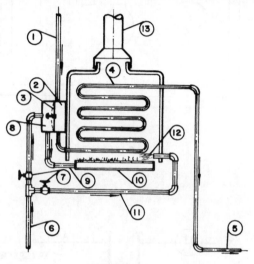

FIG. 3.2

LEGENDA

① - TUBULAÇÃO DE ÁGUA FRIA QUE VEM DO RESERVATÓRIO
② - CÂMARA PARA PASSAGEM DE ÁGUA FRIA
③ - MEMBRANA FLEXÍVEL, DIVISÓRIA DAS CÂMARAS ② E ⑧
④ - SERPENTINA EM TUBOS DE COBRE
⑤ - TUBO DE ÁGUA QUENTE QUE ALIMENTA OS PONTOS DE CONSUMO
⑥ - TUBO DE GÁS DA FONTE FORNECEDORA
⑦ - REGISTROS (VÁLVULAS DE FECHAMENTO RÁPIDO)
⑧ - CÂMARA PARA PASSAGEM DE GÁS
⑨ - TUBO DE GÁS QUE ALIMENTA O QUEIMADOR
⑩ - QUEIMADOR
⑪ - TUBO DE GÁS QUE ALIMENTA A CHAMA PILOTO
⑫ - CHAMA PILOTO
⑬ - CHAMINÉ PARA ESCAPE DOS GASES

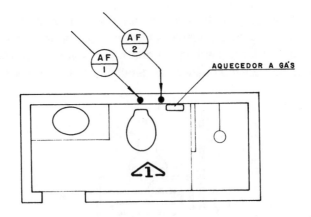

FIG. 3.3a • PLANTA

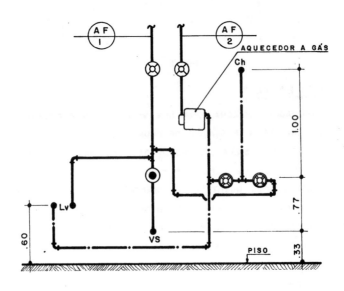

FIG. 3.3b • VISTA 1

Instalações de Água Quente 55

3.3 - AQUECIMENTO POR ACUMULAÇÃO

Este é o tipo de aquecimento que proporciona maior conforto, pois a água é aquecida para posterior consumo. É portanto acumulada e com possibilidade de ser usada com maior vazão nos chuveiros ou qualquer outro ponto de utilização. As fontes de aquecimento mais comuns são: eletricidade, solar, lenha e mais antigamente, gás e óleo.

3.3.1 - Aquecimento por acumulação elétrico

Bastante difundido no Brasil devido ser a energia elétrica cada vez mais abundante. Podemos distinguir dois casos: aquecimento para residências e aquecimento para edifícios de habitação coletiva.

3.3.1.1 - Aquecimento por acumulação elétrico nas residências

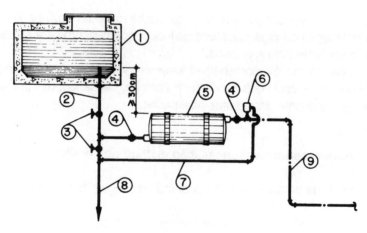

FIG. 3.4

① Reservatório geral de distribuição de água fria.

② Tubulação de alimentação do aquecedor o qual deve ser excusivo, ou seja, não abastecer nenhum ponto de consumo, principalmente válvulas de descarga, a fim de não haver retorno de água quente do próprio aquecedor.

③ Registros de gaveta, necessários para interrupção do fornecimento de água ao aquecedor e retirada da água do mesmo.

56 *Instalações Prediais Hidráulico-Sanitárias*

④ Luva de união para desmontagem e retirada do aquecedor.

⑤ Aquecedor, dotado de resistência elétrica e termostato para funcionamento automático.

⑥ Válvula de alívio ou de segurança a qual abre e dá passagem de água quando há aquecimento excessivo.

⑦ Tubulação de condução d'água da válvula de alívio ao dreno.

⑧ Tubulação de drenagem do aquecedor ou da válvula de alívio e que deve descarregar em ponto visível porque serve de aviso quando do funcionamento da válvula.

⑨ Tubulação de água quente que alimenta os pontos de consumo.

Quando se deseja água quente nos banheiros e na cozinha é conveniente a colocação de dois aquecedores independentes, um para os banheiros e outro somente para a cozinha.

Tal procedimento é recomendável tendo em vista o gasto descontrolado que se processa quando dos serviços na cozinha, causando, de conseqüência, falta d'água quente para outras finalidades.

3.3.1.2 - Aquecimento por acumulação elétrico nos edifícios

Nos edifícios de apartamentos podemos distinguir dois casos:

a) aquecedores individuais para os apartamentos

b) aquecedor central com produção de água quente para todos os apartamentos. Este segundo tipo é muito pouco empregado, sendo sua utilização restrita a edifícios de alto luxo, porém de uso bastante difundido em edifícios de hotéis e hospitais.

3.3.1.2.1 - Aquecedor elétrico individual para os apartamentos

São idênticos aos aquecedores para as residências com pequena diferença na montagem da tubulação de entrada d'água conforme mostrado na figura 3.5.

Instalações de Água Quente 57

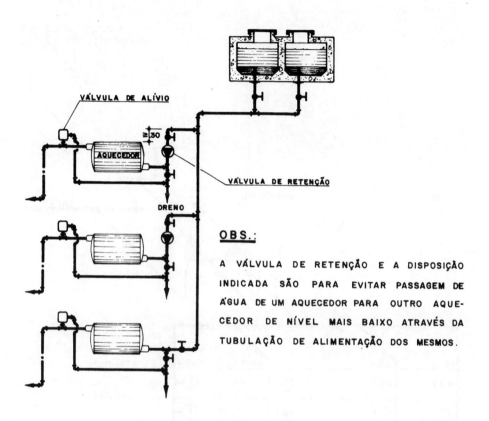

FIG. 3.5

3.3.1.2.2 - Aquecedor elétrico central para todos os apartamentos

Como dissemos anteriormente, é um tipo de aquecimento usado com maior freqüência em hospitais, hotéis, colégios ou similares e com menor em prédios de habitação coletiva.

Neste caso, o aquecedor poderá ser colocado em compartimento apropriado situado na parte superior do edifício ou na parte inferior, térreo ou sub-solo.

Para as cozinhas e lavanderias é conveniente a instalação de um aquecedor independente porque uma variação no consumo d'água quente poderá afetar consideravelmente a quantidade disponível para os banheiros.

A distribuição de água quente poderá ser ascendente ou descendente e em ambos os casos com ou sem circulação.

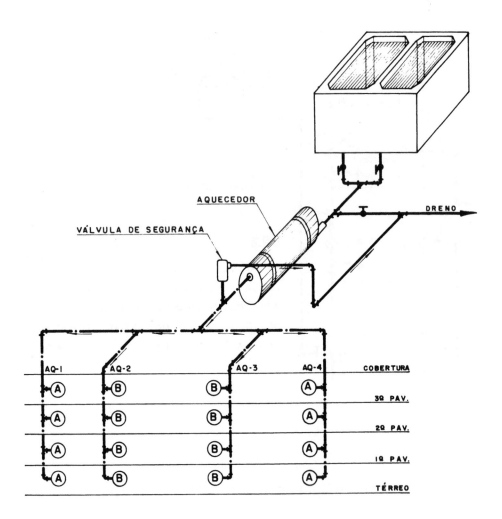

OBS:
Esse tipo de aquecedor é usado para prédios até seis pavimentos, no máximo.

FIG. 3.6 - Aquecedor Elétrico Central para todos os apartamentos, sem circulação.

Instalações de Água Quente 59

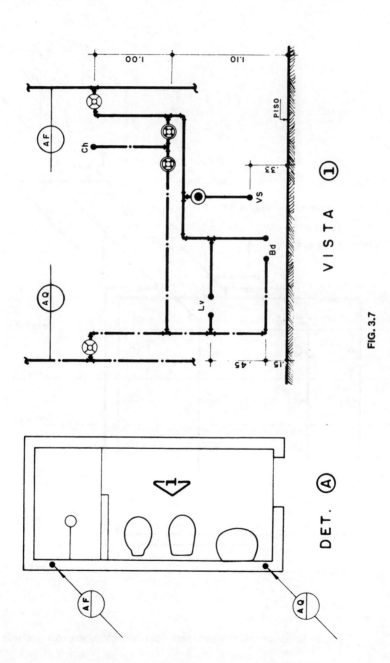

FIG. 3.7

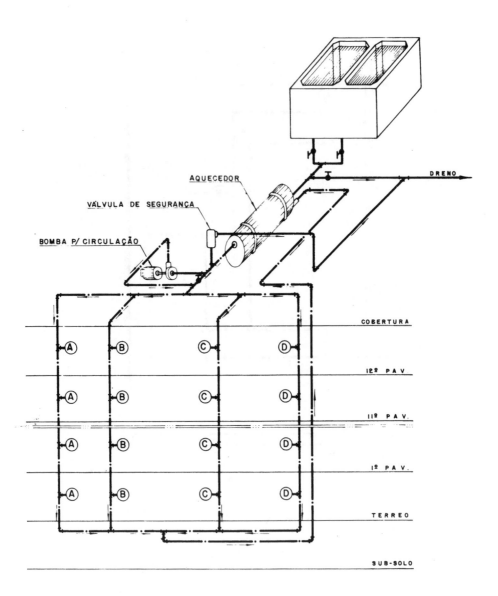

FIG. 3.8 - Aquecedor Elétrico Central para todos os apartamentos, com circulação.

Instalações de Água Quente

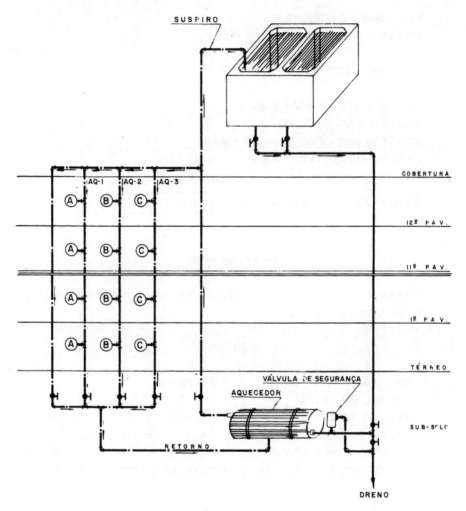

FIG. 3.9 - Aquecedor Elétrico Central para todos os apartamentos, com circulação e situado no subsolo.

3.3.1.3 - Dimensionamento dos aparelhos elétricos por acumulação

De acordo com a equação das misturas de líquidos em diversas temperaturas temos: $Vq \times tq + Vf \times Tf = Vm \times tm$, onde:
Vq - volume de água quente, ou seja, volume do aquecedor
Tq - temperatura da água quente = 70°c
Vf - volume da água fria
Tf - temperatura da água fria = 17°c

Vm - volume da mistura

Tm - temperatura da mistura = 40°c

substituindo temos:

Vq x 70 + Vf x 17 = Vm x 40

mas Vf = Vm - Vq donde

Vq x 70 + (vm - Vq) x 17 = Vm x 40

70Vq + 17Vm - 17Vq = 40Vm

$$53Vq = 23\ Vm\ \therefore Vq = \frac{23}{53}\ Vm \qquad \boxed{Vq = 0,43\ Vm}$$

Exercício nº 1

Determinar o volume de um aquecedor elétrico, por acumulação, para uma residência de 03 dormitórios.

Solução:

- população = 3 x 2   = 6 pessoas
- consumo por pessoa   = 45 L/dia (tab. I)
- consumo diário = 6 x 45   = 270 litros
- volume do aquecedor Vq   = 0,43 x 270 = 116,1 litros
- consultando os catálogos dos fabricantes escolhemos o aquecedor de capacidade que mais se aproxima deste volume, para maior.

Exercício nº 2

Determinar o volume de um aquecedor elétrico, por acumulação, para um apartamento de 04 dormitórios.

Solução

- população = 4 x 2   = 8 pessoas
- consumo por pessoa   = 45 L/dia (tab. I)
- consumo diário = 8 x 45 = 360 litros
- volume do aquecedor Vq = 0,43 x 360 = 154,8 litros

Instalações de Água Quente 63

Exercício nº 3

Determinar o volume de um aquecedor elétrico, por acumulação, para um edifício de 12 apartamentos de 3 dormitórios.

Solução

- população = 3 x 2 x 12 = 72 pessoas
- consumo por pessoa = 60 L/dia (tab. I)
- consumo diário = 72 x 60 = 4.320 litros
- volume do aquecedor Vq = 0,43 x 4.320 = 1857,6 litros

3.3.2 - Aquecimento por acumulação à gás

O aquecimento por acumulação à gás é bastante desativado no Brasil, por ser um produto derivado de petróleo. No entanto, é um tipo de aquecimento que não apresenta maiores dificuldades técnicas, podendo ser usado tanto em residências quanto em edifícios de habitação coletiva.

3.3.2.1 - Aquecimento por acumulação à gás nas residências e apartamentos individuais

Neste caso os aparelhos fabricados no Brasil são de dois tipos: **mural** e **estável**.

FIG. 3.10 - ESTÁVEL

FIG. 3.11 - MURAL

64   Instalações Prediais Hidráulico-Sanitárias

O mais usado nas residências é o tipo mural devido ocupação mais racional de espaço e livre do alcance de crianças. O estável é usado quando o consumo requer volumes maiores. Veremos a seguir o princípio de funcionamento e as partes componentes de um aquecedor.

Quando a água se encontra a temperatura ambiente o termômetro contrai, dando passagem de gás da câmara 7 para a câmara 8. Uma vez na câmara 8 o gás vai para o queimador que em contato com a chama piloto 9 inflama aquecendo os deflectores e o tubo de tiragem que por sua vez aquece a água contida no tanque. A água aquecida provoca dilatação do mercúrio no termômetro e em conseqüência obstrui o orifício de passagem do gás da câmara 7 para a câmara 8, apagando portanto a chama no queimador 10. Este processo é regulado para o queimador entrar em funcionamento quando a temperatura da água no tanque baixar para 40°c aproximadamente e apagar a chama quando subir para 85°c mais ou menos. A fig. 3.12 mostra apenas o princípio de funcionamento do aquecedor sendo que os detalhes construtivos podem sofrer variações, dependendo do fabricante.

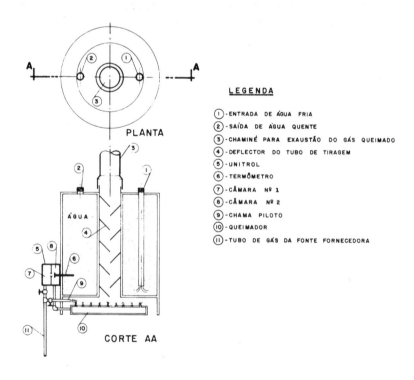

FIG. 3.12

Instalações de Água Quente 65

3.3.2.2 - Aquecimento por acumulação à gás nos edifícios (central)

Normalmente o equipamento para aquecimento da água é instalado no térreo ou sub-solo a fim de evitar dificuldade com o transporte de gás. Não é recomendado a colocação do depósito de gás no sub-solo devido ser este mais pesado que o ar, e em consequência, ficar depositado nas partes mais baixas quando da ocorrência de vazamentos. Portanto, o equipamento de armazenamento de gás deve ficar no térreo e em área bem protegida e ventilada. As geradoras de água quente para grandes consumos são fornecidas, no mercado, em dois tipos: vertical e horizontal, sendo que as de maiores capacidade são as horizontais.

Apresentamos, a seguir, um esquema de instalação para um edifício. Figura 3.13.

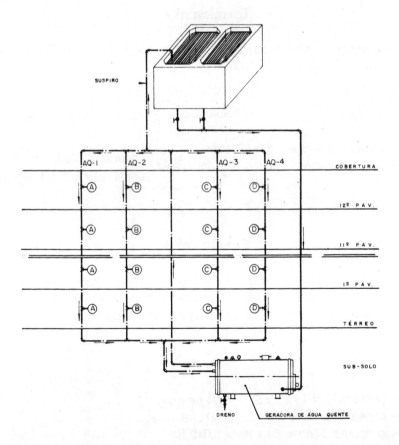

FIG. 3.13

66 *Instalações Prediais Hidráulico-Sanitárias*

3.3.2.3 - Dimensionamento dos aquecedores por acumulação à gás

Como vimos anteriormente, temos o aquecimento central privado que é o caso das residências e apartamentos individuais, e central coletivo que é um aquecimento para todos os apartamentos. Devido as peculiaridades de cada caso os ábacos são específicos, ábaco nº 1 para central privado e ábaco nº 2 para central coletivo. Como já foi dito, é conveniente, a separação da produção de água quente para os serviços de cozinha, lavanderia e banho.

No caso de restaurantes devemos considerar os consumos por turno de refeições, ou seja, almoço e jantar separados, pois, haverá um grande espaço de tempo, dando portanto, condições de recuperação no aquecimento.

Exercício nº 4

Determinar o volume de um aquecedor por acumulação à gás, para uma residência de três dormitórios.

Solução:

– população = 3 x 2 = 6 pessoas
– com 6 pessoas $\xrightarrow{\text{ábaco 1}}$ aquecedor $\begin{cases} \text{volume} = 100 \text{ L} \\ \text{queimador} = 6.500 \text{ kcal/h} \end{cases}$

Exercício nº 5

Determinar o volume de um aquecedor por acumulação à gás, para um edifício de 14 apartamentos de 3 dormitórios mais dependência de empregada. Considerar chuveiro elétrico no banheiro da empregada.

Solução

– população = 14 x 3 x 2 = 84 pessoas
– consumo por pessoa = 60 L/dia
– consumo diário = 84 x 60 = 5.040 L
– consumo 5.040 L $\xrightarrow{\text{ábaco 2}}$ $\begin{cases} \text{volume} = 1.500 \text{ L} \\ \text{queimador} = 20.000 \text{ kcal/h} \end{cases}$

Instalações de Água Quente

Exercício nº 6

Determinar o volume de um aquecedor por acumulação à gás para um hosptial com 80 leitos.

Solução

- número de leitos = 80
- consumo por leito = 125 L/dia
- consumo diário = 80 x 125 = 10.000 L
- com 10.000 L $\xrightarrow{\text{ábaco 2}}$ $\begin{cases} \text{volume} = 3.000 \text{ L} \\ \text{queimador} = 50.000 \text{ kcal/h} \end{cases}$

Exercício nº 7

Determinar o volume de um aquecedor por acumulação à gás, para um hotel com capacidade de 120 hópedes.

Solução

- número de hóspede = 120
- consumo por hóspedes = 36 L/dia
- consumo diário = 120 x 36 = 4.320 L
- com 4.320 L $\xrightarrow{\text{ábaco 2}}$ $\begin{cases} \text{volume} = 1.500 \text{ L} \\ \text{queimador} = 20.000 \text{ kcal/h} \end{cases}$

Exercício nº 8

Determinar o volume de um aquecedor por acumulação à gás para um restaurante com 665 refeições por turno.

68   *Instalações Prediais Hidráulico-Sanitárias*

Solução

– número de refeições (por turno) = 665
– consumo por refeição   = 12 L/dia
– consumo diário (por turno)   = 665 x 12 = 7.980 L
– com 7.980 L _____ ábaco 2 → $\begin{cases} \text{volume} = 2.000\ L \\ \text{queimador} = 30.000\ kcal/h \end{cases}$

3.3.3 - Aquecimento por acumulação solar

A energia solar é a fonte de aquecimento mais indicada, sob o ponto de vista econômico e poluidor nas instalações prediais. É abundante e inesgotável, apenas sofrendo interferências de variações meteorológicas.

Devido tais interferências é conveniente prever sistemas mistos, ou seja solar e elétrico, por exemplo.

As instalações são compostas de coletor de energia solar, depósito de água quente e rede de distribuição aos pontos de consumo.

3.3.3.1 - Aquecimento por acumulação solar nas residências

Por apresentar características próprias o cuidado maior para esse tipo de aquecimento está intimamente ligado à arquitetura. Ao projetar a residência o arquiteto deve estar bem informado das condições de funcionamento do sistema, do contrário o seu uso torna impraticável, ou com adaptações que colocam em risco o rendimento no aproveitamento de energia solar. Como dissemos anteriormente, este sistema deverá ser misto, ou seja, alimentado também por energia elétrica.

Os coletores solares deverão ser assentes voltados para o norte a fim de melhor exposição ao sol e com inclinação α, cujo valor é tabelado para as várias regiões (Tabela II). Para melhor aproveitamento de circulação em ⑦ e ⑧ é conveniente que os coletores ⑥ estejam o mais próximo do

Instalações de Água Quente

reservatório de água quente ⑤ e suas partes superiores alinhadas e pelo menos 30 cm abaixo da geratriz inferior do mesmo.

Apresentamos a seguir um esquema de montagem do equipamento. Figura 3.14.

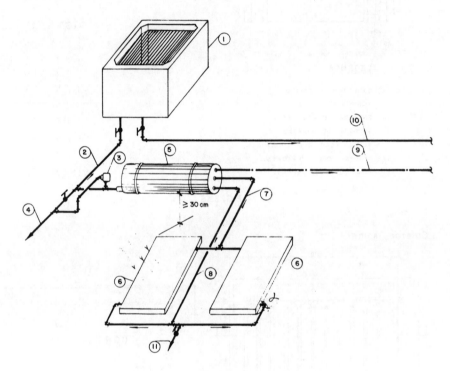

FIG. 3.14

LEGENDA

①- RESERVATÓRIO DE ÁGUA FRIA
②- ALIMENTAÇÃO DO AQUECEDOR
③- VÁLVULA DE ALÍVIO OU SEGURANÇA
④- DRENO DO AQUECEDOR
⑤- AQUECEDOR (RESERVATÓRIO DE ÁGUA QUENTE)
⑥- COLETORES SOLARES
⑦- RETORNO DOS COLETORES
⑧- ALIMENTAÇÃO DOS COLETORES
⑨- ALIMENTAÇÃO DE ÁGUA QUENTE AOS PONTOS DE CONSUMO
⑩- ALIMENTAÇÃO DE ÁGUA FRIA AOS PONTOS DE CONSUMO
⑪- DRENO DOS COLETORES

_ Reservatório de água quente

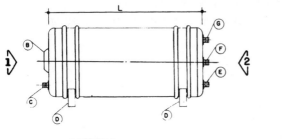

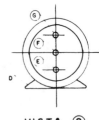

LEGENDA

- (A) - CONECTOR ELÉTRICO
- (B) - TERMOSTATO
- (C) - ENTRADA DE ÁGUA FRIA
- (D) - SUPORTE DE FIXAÇÃO
- (E) - ALIMENTAÇÃO DOS COLETORES
- (F) - RETORNO DOS COLETORES
- (G) - SAÍDA DE ÁGUA QUENTE

FIG. 3.15

_ Coletor solar

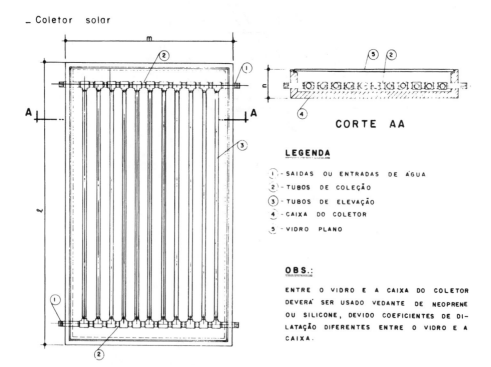

CORTE AA

LEGENDA

- (1) - SAÍDAS OU ENTRADAS DE ÁGUA
- (2) - TUBOS DE COLEÇÃO
- (3) - TUBOS DE ELEVAÇÃO
- (4) - CAIXA DO COLETOR
- (5) - VIDRO PLANO

OBS.:

ENTRE O VIDRO E A CAIXA DO COLETOR DEVERÁ SER USADO VEDANTE DE NEOPRENE OU SILICONE, DEVIDO COEFICIENTES DE DILATAÇÃO DIFERENTES ENTRE O VIDRO E A CAIXA.

FIG. 3.16

3.3.3.2 - Aquecimento por acumulação solar nos edifícios

No caso dos edifícios o sistema de aquecimento solar deverá ser do tipo central coletivo e, em conseqüência exigindo grandes áreas dos coletores.

Na maioria das vezes a recirculação só se processa através do bombeamento, o qual é posto em funcionamento através de sensores térmicos.

Para maior rendimento dos coletores é conveniente a instalação dos mesmos conforme esquemas indicados nas figuras 3.17 e 3.18.

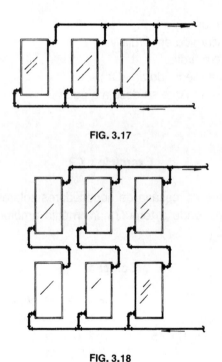

FIG. 3.17

FIG. 3.18

3.3.3.3 - Dimensionamento dos aquecedores por acumulação solares

Como vimos anteriormente, este tipo de aquecimento é constituído de duas partes básicas que são: os coletores solares e o reservatório de água quente.

3.3.3.3.1 - Dimensionamento dos coletores solares

A área do coletor (coletores) necessária para aquecer um determinado volume de água é dada pela expressão:

$$A = \frac{V\,(tf - tm)}{176,6\,(I + 0,219\,tm + 0,634)}$$

Onde:

A = área de coletor em m^2
V = volume consumido em L/dia
I = insolação em h/dia
tm = temperatura média do ar ($^{\circ}$C)
tf = temperatura em que se deseja a água

Exercício nº 9

Determinar a área necessária de aquecedores solares para uma residência de 03 dormitórios, onde a temperatura média ambiente é de 20ºC e insolação de 6,0 h/dia.

Solução:

– população	= 3 x 2 = 6 pessoas
– consumo por pessoa	= 45 L/dia (Tab. I)
– consumo diário = 6 x 45	= 270 litros
– insolação	= 6,0 h/dia
– temperatura média do ar	= 20ºC
– temperatura desejada da água	= 60ºC

Substituindo temos:

$$A = \frac{270\,(60 - 20)}{176,6\,(6 + 0,219 \times 20 + 0,634)} = 5,55\;m^2$$

Instalações de Água Quente 73

3.3.3.3.2 - Dimensionamento do reservatório de água quente

Tendo em vista as variações meteorológicas e maior tempo para o aquecimento, não podemos adotar o mesmo procedimento no dimensionamento dos aquecedores elétricos. Assim sendo, para maior segurança, o volume do reservatório de água quente deverá ser o mesmo do consumo diário para a habitação em questão.

Exercício nº 10

Determinar o volume de um reservatório de água quente com coletores solares para uma residência de 04 dormitórios.

Solução

- população = 4 x 2   = 8 pessoas
- consumo por pessoa   = 45 L/dia (tab. I)
- consumo diário = 8 x 45   = 360 litros
- volume do aquecedor   = 360 litros

3.3.4 - Aquecimento por acumulação à lenha

Este sistema é mais utilizado no meio rural onde a lenha é abundante e o aquecimento da água é sub-produto, pois a função principal do fogão é cozinhar. É composto de três partes básicas: serpentina, reservatório de água quente e rêde de distribuição, conforme esquema fig. 3.19.

A serpentina deverá ser executada com tubos de aço carbono (tubo preto) SCHEDULE-40, com diâmetros de 20 ou 25 mm. Notar que a água na serpentina deverá chegar na tubulação mais baixa, ou seja, a tubulação da esquerda (fig. 3.19) deverá ser mais baixa que a tubulação da direita nas paredes do fogão, afim de conseguir maior rendimento no aquecimento. Também o reservatório de água quente deverá ficar o mais próximo possível do fogão.

O reservatório de água quente geralmente é de fibro-cimento, exceto em sistemas mais sofisticados, onde é usado reservatório metálico idêntico aos aquecedores elétricos descritos anteriormente. Mesmo os de fibro-cimento, muitas vezes, é feita a proteção com isolantes térmicos afim de conservar a água quente durante à noite quando o fogão estará sem fogo. A capacidade do reservatório é uma vez e meia o consumo diário calculado com valores da tabela I.

74   Instalações Prediais Hidráulico-Sanitárias

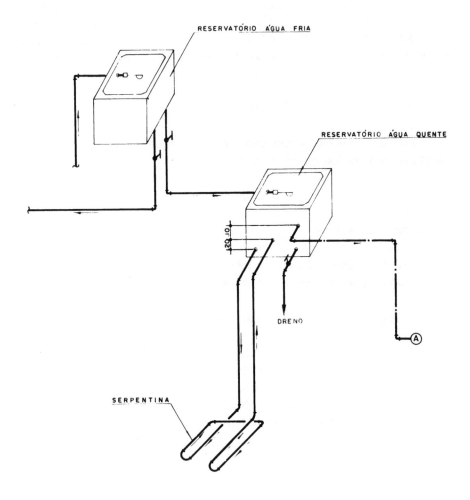

FIG. 3.19

Devido a facilidade de várias saídas no reservatório de água quente é conveniente que as tubulações sejam independentes para cada banheiro evitando assim variações na temperatura da água quando em uso simultâneo. Toda tubulação deverá ser de cobre e revestida com isolante térmico.

Instalações de Água Quente 75

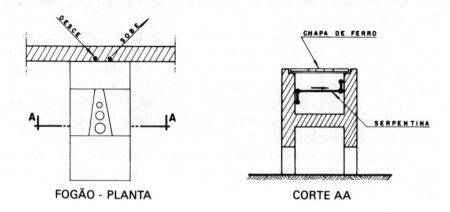

FIG. 3.20

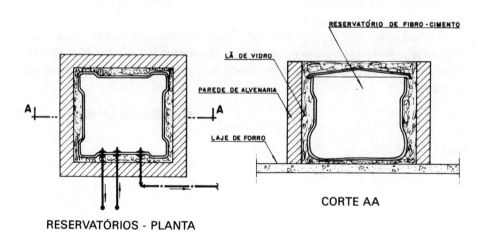

FIG. 3.21

3.4 - TUBULAÇÃO DE ÁGUA QUENTE

Para maior durabilidade e melhor funcionamento o material mais indicado é o cobre, embora em alguns casos seja usado o ferro galvanizado de boa qualidade. Nos barriletes as tubulações deverão ter declividades sempre descendentes, nunca subir e depois descer para evitar formação de bolhas de ar em sua parte mais alta, nem tão pouco descer para depois subir a fim de evitar termosifão.

Nos ramais e sub-ramais pode ser tolerado pequenas subidas, após ter descido, desde que as pressões sejam suficientes para romper o equilíbrio causado por diferenças de densidade. No ponto mais alto da rede de água quente é recomendável a instalação de respiro ou válvula de ar.

No caso dos aquecedores, por acumulação individuais, as colunas não devem alimentar mais de um banheiro para evitar alteração nas vazões quando do uso simultâneo.

O dimensionamento das tubulações segue o mesmo critério adotado para água fria, conforme mostrado no capítulo nº 1, inclusive as mesmas tabelas.

3.5 - ISOLANTES TÉRMICOS

Tanto os aquecedores como os encanamentos devem ser termicamente isolados para evitar perdas de calor.

Os aquecedores já são fabricados com tais características, porém as tubulações devem ser protegidas quando de suas execuções. Os isolantes mais comumente usados são **lã de vidro,** sob forma de calha, ou **massa de amianto.**

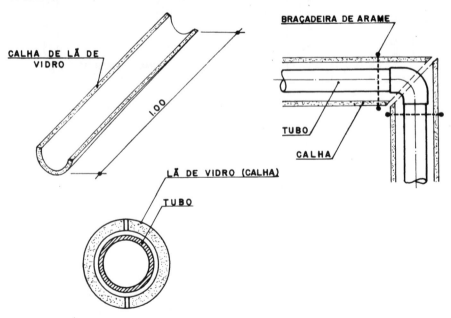

FIG. 3.22

Existem outros isolantes tais como: vermiculite, magnésia, etc, mas de uso menos freqüente nas instalações prediais. A massa de amianto é feita com pó de amianto, fornecido no mercado em latas de 20 litros, misturado com água nas proporções para formação de uma pasta de consistência adequada.

Usamos massa de amianto em tubulações embutidas na alvenaria, sendo que em tubulações aéreas o mais apropriado são as calhas de lã de vidro. Para cada diâmetro de tubo existe o diâmetro de calha adequado.

3.6 - JUNTAS DE DILATAÇÃO

Devido a dilatação térmica dos materiais é necessário a colocação de dispositivos apropriados para evitar a ruptura dos mesmos. A dilatação não se processa apenas nas tubulações mas também na própria estrutura da edificação. Devido este segundo caso as tubulações de água fria também devem possuir juntas de dilatação coincidentes com as do prédio. Existem vários tipos de curvas de expansão, porém, o mais comum nas instalações prediais hidráulico-sanitárias é conforme figura 3.23.

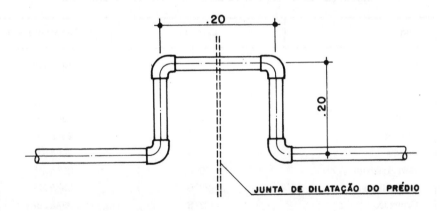

FIG. 3.23

3.7 - TABELAS PARA DIMENSIONAMENTO DAS INSTALAÇÕES DE ÁGUA QUENTE

TABELA I

Estimativa de Consumo da Água Quente   (Temperatura de Uso)

Prédio	Consumo l/dia
Alojamentio provisório	24 por pessoa
Casa popular ou rural	36 por pessoa
Residência	45 por pessoa
Apartamento	60 por pessoa
Quartel	45 por pessoa
Escola (internato)	45 por pessoa
Hotel (sem cozinha e sem lavanderia)	36 por hóspede
Hospital	125 por leito
Restaurante	12 por refeição
Lavanderia	15 por Kg de roupa seca

NB - 128 da ABNT

TABELA II

Inclinação de Coletores Solares em   Relação à Horizontal

Lugar	Latitude	α (Recomendado)
Belém	2º S	12º à 17º
Manaus	3º S	13º à 18º
Fortaleza	4º S	14º à 19º
Recife	8º S	18º à 23º
Salvador	13º S	23º à 28º
Brasília	16º S	26º à 31º
Belo Horizonte	20º S	30º à 35º
Rio de Janeiro	23º S	33º à 38º
Campinas	23º S	33º à 38º
São Paulo	23º S	33º à 38º
Curitiba	26º S	36º à 41º
Porto Alegre	30º S	40º à 45º

CATÁLOGO SOLARTEC

Instalações de Água Quente 79

3.8 - ÁBACOS PARA DIMENSIONAMENTO DAS INSTALAÇÕES DE ÁGUA QUENTE

ÁBACO Nº 1

Aquecimento Central Privado – À Gás

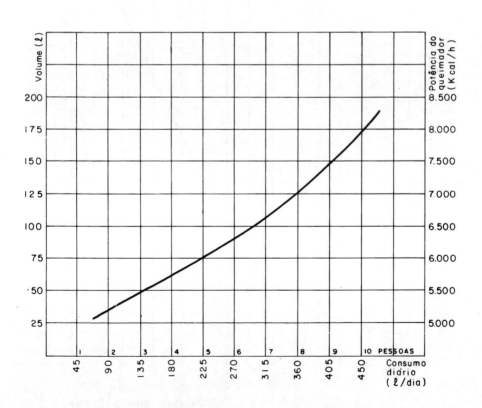

ÁBACO Nº 2

Aquecimento Central Coletivo – À Gás

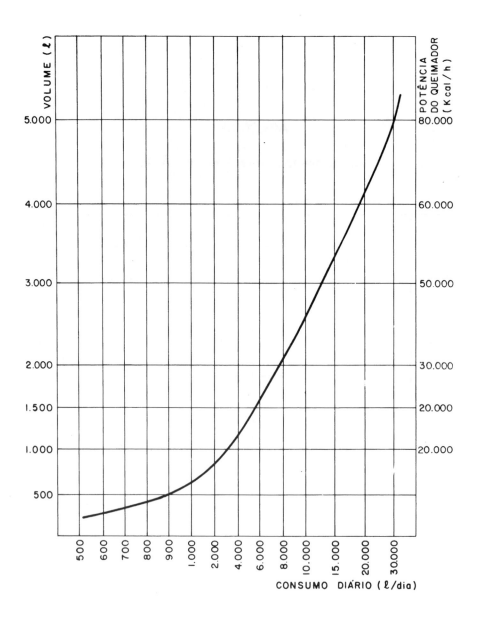

CAPÍTULO 4

Instalações de água gelada

4.1 - GENERALIDADES

Nas instalações prediais a água gelada usada nos bebedouros, se presta, tendo em vista a facilidade e conforto desprezando-se, em consequência, a geladeira doméstica.

Para uso humano a temperatura ideal da água para se beber é de aproximadamente 9ºC, havendo, portanto, necessidade de resfriamento dependendo da temperatura ambiente local. O emprego das instalações de água gelada é recomendável em prédios públicos, ou privados mas ocupados por uma só entidade locadora, escolas, cinemas, shoppings, etc. A produção é feita de duas maneiras: **individual e central.**

4.2 - SISTEMA INDIVIDUAL

O sistema individual é aquele em que a água é refrigerada no próprio ponto de consumo como nos tradicionais bebedouros elétricos. Estes são locados em pontos convenientes de circulação de pessoal, de fácil manutenção e sobretudo que permita abastecimento de água potável e retirada de águas servidas. A filtragem da água é feita no próprio bebedouro e a vela deverá ser limpa periódicamente. A figura 4.1 mostra a instalação de um bebedouro com as posições e alturas dos pontos de água e esgôto.

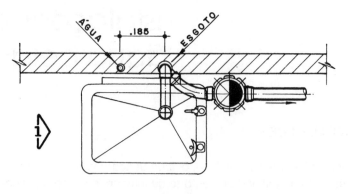

PLANTA

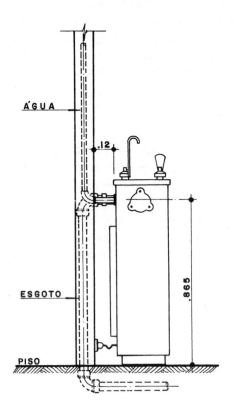

Instalações de Água Gelada

4.3 - SISTEMA CENTRAL

O sistema central de água gelada é composto de filtração, refrigeração armazenamento, rede de distribuição e bebedouros, conforme mostrado na figura 4.2.

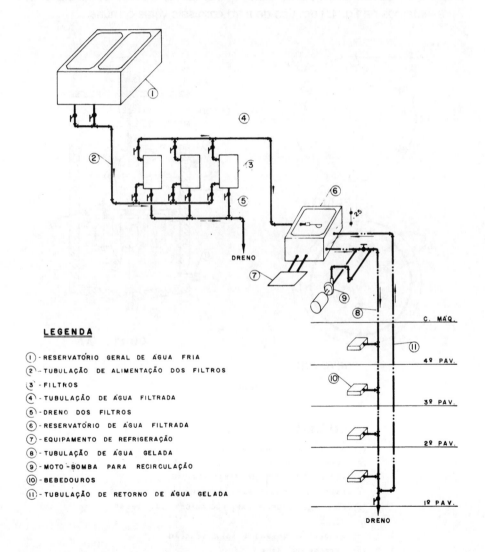

LEGENDA

① - RESERVATÓRIO GERAL DE ÁGUA FRIA
② - TUBULAÇÃO DE ALIMENTAÇÃO DOS FILTROS
③ - FILTROS
④ - TUBULAÇÃO DE ÁGUA FILTRADA
⑤ - DRENO DOS FILTROS
⑥ - RESERVATÓRIO DE ÁGUA FILTRADA
⑦ - EQUIPAMENTO DE REFRIGERAÇÃO
⑧ - TUBULAÇÃO DE ÁGUA GELADA
⑨ - MOTO-BOMBA PARA RECIRCULAÇÃO
⑩ - BEBEDOUROS
⑪ - TUBULAÇÃO DE RETORNO DE ÁGUA GELADA

FIG. 4.2

4.3.1 - Filtração

A filtração é feita através de um conjunto de filtros, sendo o número deles em função da vazão de consumo e vazão especificada de cada unidade pelo fabricante. Para cálculo da vazão de consumo é necessário o conhecimento prévio do consumo diário que é obtido através da tabela nº 2. Apresentamos na fig. 4.3 um tipo de filtro com seis velas comuns.

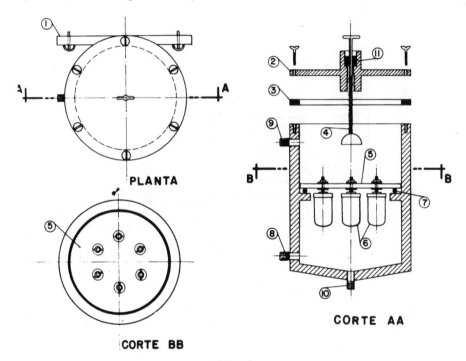

FIG. 4.3

LEGENDA

① - SUPORTE PARA FIXAÇÃO EM PAREDE
② - TAMPA DO FILTRO
③ - ARGOLA DE BORRACHA PARA VEDAÇÃO
④ - HASTE COM ROSCA PARA PRESSIONAR O DISCO ⑤
⑤ - DISCO COM FUROS PARA COLOCAÇÃO DAS VELAS
⑥ - VELAS
⑦ - ARGOLA DE BORRACHA PARA VEDAÇÃO
⑧ - ENTRADA DE ÁGUA
⑨ - SAÍDA DE ÁGUA FILTRADA
⑩ - DRENAGEM DO FILTRO
⑪ - BUCHA DE VEDAÇÃO

Instalações de Água Gelada

4.3.2. - Refrigeração e armazenamento

A água, uma vez filtrada, é conduzida a um reservatório onde é resfriada para a temperatura desejada no consumo. Como já dissemos, a temperatura para consumo é de aproximadamente 9ºC, então no reservatório a temperatura deverá ser de 6ºC devido a elevação da mesma no percurso de distribuição, que em média, nas instalações normais é de 3ºC.

As características do equipamento de refrigeração são dados pelo fabricante em função dos dados fornecidos pelo projetista das instalações. O reservatório de água gelada deverá ser térmicamente isolado e sua capacidade é equivalente à metade do consumo diário.

4.3.3 - Rede de distribuição de água gelada

O material mais indicado para as redes de distribuição é o PVC por não sofrer nenhuma ação devido componentes químicos da água. O dimensionamento é feito da mesma maneira para água à temperatura ambiente conforme visto no capítulo 1. Para não ganhar calor recomenda-se o revestimento com isolante térmico como usado para água quente, ou seja, lã de vidro nas tubulações aéreas e massa de amianto nas tubulações embutidas.

Para maior conforto do usuário é necessário a recirculação da água gelada na rede e isto é feito com intercalação de um conjunto motobomba, geralmente de baixa vazão e altura manométrica, conforme mostrado na figura 4.2. O tempo de recirculação de toda água do reservatório deverá ser de 30 minutos.

4.3.4 - Bebedouros

Os bebedouros são fabricados em louça com furos para adaptação dos metais de fornecimento da água e saídas para águas servidas. São presos à parede em alturas padronizadas conforme figura 4.4.

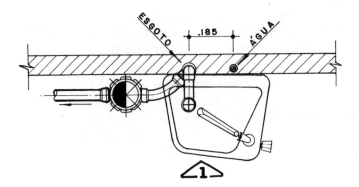

PLANTA

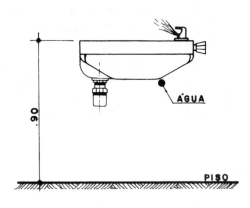

VISTA ①

FIG. 4.4

Exercício nº 1

Dimensionar um sistema central de água gelada para um edifício público com área de 4.320 m² e 12 pavimentos, usando filtros com vazão de 30 L/h e conforme figura 4.5.

Instalações de Água Gelada

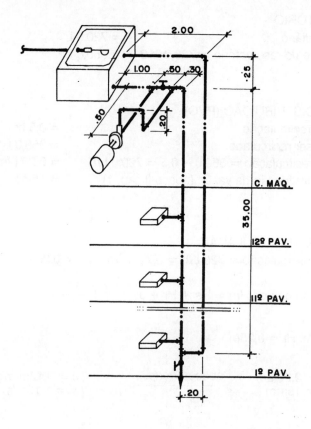

FIG. 4.5

Solução

A) – FILTRAÇÃO
- área total = 4.320,0 m²
- taxa de ocupação = 1 pessoa por 6,0 m²
- população = 4.320 ÷ 6 = 720 pessoas
- consumo por pessoa (tab. 2) = 1,0 L/dia
- consumo diário = 720 x 1,0 = 720,0 L
- tempo de funcionamento dos filtros = 8:00 hs
- vazão de filtragem = 720 ÷ 8 = 90,0 L/h
- vazão de cada filtro (dado do fabricante) = 30,0 L/h
- número de filtros = 90,0 ÷ 30,0 = 3 unidades

88 *Instalações Prediais Hidráulico-Sanitárias*

B) – RESERVATÓRIO
- consumo diário = 720,0 L
- capacidade do reservatório = 720,0 ÷ 2 = 360,0 L

C) – REDE DE DISTRIBUIÇÃO (PVC)
- tempo de recirculação = 0,5 hs
- volume a ser recirculado = 360,0 L
- vazão de recirculação = 360,0 ÷ 0,5 = 720,0 L/h = 0,20 L/s
- diâmetro em função da vazão (ábaco II cap. 1) $\varnothing$ = 15mm

D) – BOMBA DE RECIRCULAÇÃO
- vazão de recirculação = 720 L/h = 0,72 m³/h = 0,20 L/s

- altura manométrica $Hm = Hs + Hr + Js + Jr + \dfrac{V^2}{2g}$

- $Hs = 0,0m$; $Hr = 0,25m$

- com $\begin{cases} Q = 0,20 \text{ L/s} \\ \varnothing = 15mm \end{cases}$ ábaco IV cap. 1 $\longrightarrow$ $\begin{cases} J = 0,12m/m \\ V = 1,15m/s \end{cases}$

- comprimento real da tubulação	= 74,25m
entrada de borda 15mm	= 0,90m
tê saída de lado 90º x 15 x 15mm	= 2,30m
6 curvas 90º x 15mm	= 2,40m
tê saída bilateral 90º x 15 x 15mm	= 2,30m
12 tês pass. direta 90º x 15 x 15mm	= 8,40m
tê saída de lado 90º x 15 x 15mm	= 2,30m
L'	= 92,85m

$Jr = 92,85 \times 0,12 = 11,14$ m

$$\frac{V^2}{2g} = \frac{1,15^2}{2 \times 9,81} = \frac{1,32}{19,62} = 0,07m$$

- $Hm = 0,00 + 0,25 + 11,14 + 0,07 = 11,46m$
- conjunto moto-bomba $\begin{cases} \text{vazão} = 0,72 \text{ m}^3/\text{h} \\ \text{altura manométrica} = 11,46 \text{ m} \end{cases}$

Instalações de Água Gelada

4.4 - TABELAS PARA DIMENSIONAMENTO DAS INSTALAÇÕES DE ÁGUA GELADA

TABELA 1

Número Mínimo de Bebedouros
(no mínimo 1 por pavimento)

Prédio	Número de Bebedouros
cinemas e teatros	1 para 100 pessoas
escolas	1 para 75 pessoas
escritórios ou ed. públicos	1 para 75 pessoas
indústrias	1 para 75 pessoas

TABELA 2

Estimativa de Consumo de Água Gelada

Prédio	Consumo (L/dia)
escritórios	1,0 por pessoa
escolas (internato)	2,0 por pessoa
escolas (externato)	1,0 por pessoa
hospitais	2,0 por leito
hotéis	2,0 por hóspede
indústrias leves	1,0 por pessoa
indústrias pesadas	2,0 por pessoa
lojas	1,0 por 25 visitantes
prédios públicos	1,0 por pessoa
quartéis	2,0 por soldado
teatros e cinemas	1,0 por 25 lugares

CAPÍTULO 5

Instalações de esgoto pluvial

5.1 - GENERALIDADES

Normalmente as precipitações, sob forma de chuvas, ocorrem quando a condensação de vapor atmosférico forma gôtas de água de tamanho suficiente para se precipitarem sobre a superfície terrestre.

As chuvas que caem tomam os seguintes destinos: a) parte evapora das superfícies logo nos instantes iniciais retornando à atmosfera; b) parte infiltra, indo alojar nas camadas do subsolo formando os lençóis subterrâneos e que pode voltar à superfície por capilaridade ou através de transpiração pelas plantas; e, c) parte escoa pela superfície do terreno até os rios, lagos, etc. Esta última parcela de água, proveniente das chuvas, é a que nos interessa no presente estudo.

A instalação de esgoto pluvial compreenderá os serviços e dispositivos a serem empregados para captação e escoamento rápido e seguro das águas de chuvas e divide em três partes básicas: **calhas, tubos de queda** e **rede coletora.**

5.2 - CALHAS

São dispositivos que captam as águas diretamente dos telhados impedindo que estas caem livremente causando danos nas áreas circunvizinhas, principalmente quando a edificação é bastante alta.

Instalações de Esgoto Pluvial

Para residências de apenas um, ou no máximo dois pavimentos, muitas vezes, o projetista dispensa o uso de calhas, deixando que as águas escoam, de forma bem dispersa pelas bordas das telhas, caindo sobre a superfície do terreno.

5.2.1 - Materiais de fabricação das calhas

A escolha dos materiais depende muito do partido arquitetônico adotado, de uma maneira geral os materiais mais usados são:

5.2.1.1 - Chapa galvanizada

Muito usada, principalmente quando a calha fica protegida por platibandas, ou seja, de forma invisível e sem a possibilidade de receber esforços, pois são frágeis.

5.2.1.2 - Chapa de cobre

De uso bastante difundido em épocas anteriores, quando este material era de fácil aquisição e por preços relativamente baixos, porém hoje está caindo em desuso face o grande custo.

5.2.1.3 - PVC

Mais usado no sul do país, onde existe o hábito de colocação, de forma aparente, presa às bordas dos telhados.

5.2.1.4 - Cimento amianto

São tubos partidos ao longo de sua geratriz e de uso menos comum.

5.2.1.5 - Concreto

Geralmente é escolhido este tipo de material quando a própria calha trabalha também como elemento de sustentação da estrutura, ou seja, quando a viga funciona também como calha.

5.2.2 - Forma da seção das calhas

As seções das calhas possuem as mais variadas formas, dependendo das condições impostas pela arquitetura, bem como dos materiais empregados na confecção das mesmas.

5.2.2.1 - Seção retangular

É a seção mais comumente usada por ser de fácil fabricação, podendo ser empregado quase todos os materiais indicados no item 5.2.1, porém os mais usados são concreto e chapa galvanizada.

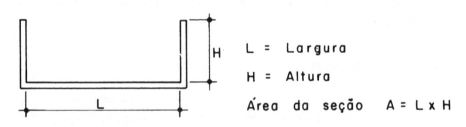

FIG. 5.1

5.2.2.2. - Seção trapezoidal

Neste tipo de seção o concreto já é menos recomendado por causa da maior dificuldade na confecção das formas, sendo a chapa galvanizada o material preferido.

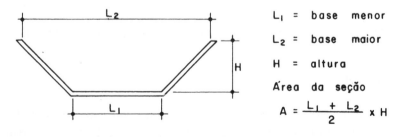

FIG. 5.2

5.2.2.3 - Seção semi-circular

É um tipo de seção menos usado que os dois anteriores. Os materiais mais próprios são concreto (tubos partidos), cimento amianto (tubos partidos) e PVC. Raramente as calhas possuem esta seção a não ser quando localizadas nas bordas externas dos telhados, onde o PVC tem grande aplicação.

R = Raio

Área da seção $A = \dfrac{\pi R^2}{2}$

FIG. 5.3

5.2.3 - Dimensionamento das calhas

As calhas não são destinadas a conduzir água de um ponto a outro, mas sim receptáculos das águas da superfície dos telhados e conduzindo-as imediatamente aos tubos de queda.

Portanto é perfeitamente dispensável a aplicação de fórmulas da hidráulica para o seu dimensionamento, dando a elas o mesmo tratamento de escoamentos em canais.

A declividade das calhas deve ser a mínima possível e no sentido dos tubos de queda a fim de evitar o empoçamento de águas quando cessada a chuva.

O cuidado que se deve ter com as dimensões é devido apenas ao comprimento do telhado, pois quanto maior, mais água terá juntado na calha para um mesmo intervalo de tempo. Assim sendo, a largura deverá ser aquela suficiente para evitar que a água não caia fora quando é despejada pela telha e a altura deve ser a metade da largura. A projeção horizontal da borda da telha, na calha deve situar a um terço da largura, conforme mostrado na figura 5.4.

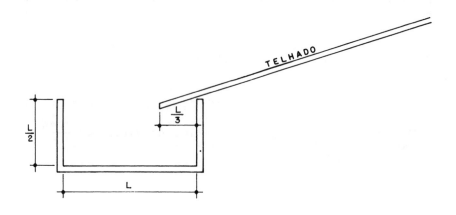

FIG. 5.4

TABELA 1

Dimensões da calha em função do comprimento do telhado.*

COMPRIMENTO DO TELHADO (m)	LARGURA DA CALHA (m)
até 5,0	0,15
5,0 à 10,0	0,20
10,0 à 15,0	0,30
15,0 à 20,0	0,40
20,0 à 25,0	0,50
25,0 à 30,0	0,60

*Entende-se como comprimento do telhado a medida na direção do escoamento da água.

Instalações de Esgoto Pluvial 95

Exercício nº 1

Dimensionar as calhas para o telhado indicado na figura 5.5.

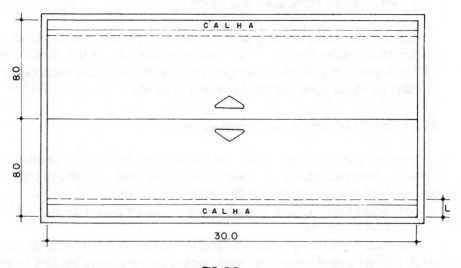

FIG. 5.5

Solução:

a) comprimento do telhado = 8,0m
b) para comprimento = 8,0 tabela 1 ⟶ L = 0,20m

Observações:

1) quando temos dois telhados contribuindo para uma mesma calha, para cálculo de comprimento a fim de determinar a largura da calha, somar os comprimentos dos dois telhados.
2) se a calha tiver seção trapezoidal a largura encontrada será a largura média, ou seja $L = (L_1 + L_2)/2$, e se tiver seção semi-circular a largura será 2R, sendo R o raio.

5.3 - TUBOS DE QUEDA

São tubos verticais que conduzem as águas das calhas às redes coletoras que poderão estar situadas no terreno ou presas ao teto do sub-solo no

96   *Instalações Prediais Hidráulico-Sanitárias*

caso dos edifícios com este pavimento, ou despejar livremente na superfície do terreno.

5.3.1 - Materiais de fabricação dos tubos

Os materiais mais comuns são: ferro fundido, PVC, cimento amianto e mesmo chapa galvanizada. Os de maiores aplicações são ferro fundido e PVC, e a preferência é função do local onde serão instalados, dependendo da maior ou menor possibilidade de receber impactos.

5.3.2 - Dimensionamento dos tubos de queda

Para melhor segurança quanto ao escoamento, os tubos de queda deverão ser dimensionados levando em consideração o valor da **chuva crítica**, ou seja de pequena duração mas de grande intensidade.

Em nossa região costumamos adotar para a intensidade da chuva crítica o valor de 150mm/h.

No caso dos tubos de queda ao invés de acharmos o diâmetro do condutor, fixamos este e determinamos o número de condutores em função da área máxima de telhado que cada diâmetro pode escoar, conforme recomendado na tabela 2.

TABELA 2

Área Máxima de Cobertura para Condutores Verticais de Seção Circular.

Diâmetro (mm)	Área Máxima de Telhado (m^2)
50	13,6
75	42,0
100	91,0
150	275,0

Lucas Nogueira Garcez

Exercício nº 2

Dimensionar os tubos de queda para o telhado indicado no exercício nº 1, sabendo-se que as paredes são de alvenaria e de espessura 0,15m.

Instalações de Esgoto Pluvial

Solução:

Como as paredes são de 0,15m deveremos usar tubos de 75mm. Conforme tabela 2, um tubo de 75mm escoa 42,0m² de telhado. Número de tubos de cada calha = $\dfrac{8,0 \times 30,0}{42,0}$ = 6

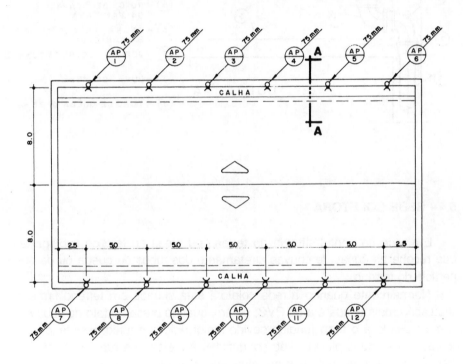

FIG. 5.6

5.3.3 - Detalhe de ligação da calha ao tubo de queda

Vimos, portanto, que no dimensionamento dos tubos de queda, primeiramente escolhemos o diâmetro e depois determinamos o número de tubos para a área do telhado em questão, e distribuímos estes de forma mais homogênea possível ao longo da calha.

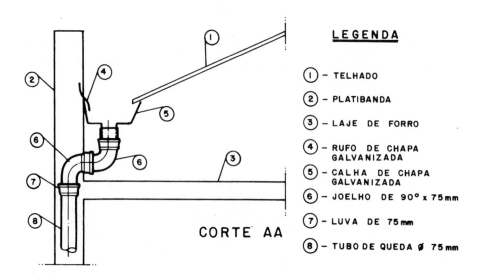

FIG. 5.7

5.4 - REDE COLETORA

É a rede horizontal situada no terreno ou presa ao teto do sub-solo e que recebe as águas de chuvas diretamente dos tubos de queda ou da superfície do terreno.

Normalmente quando a rede coletora está situada em terreno firme a tubulação mais usada é a de PVC, porém, quando presa ao teto do subsolo, o mais usado é o ferro fundido devido maior rigidez e maior resistência ao impacto. As águas pluviais são conduzidas à sarjeta, na rua, em frente ao lote, mas se o terreno estiver em nível inferior a esta (sarjeta), deverão correr para a rua mais próxima, passando pelo terreno vizinho, conforme previsto no Artigo 563 do Código Civil Brasileiro.

5.4.1 - Caixas de inspeção e de areia

Sempre que há mudança de direção em uma rede, quando localizada no terreno, haverá necessidade de colocação de uma caixa de inspeção com grelha. Quando há possibilidade de entrada de terra nas grelhas das caixas de inspeção, estas serão construídas de forma a reter a terra ou areia, impedindo o carreamento para dentro da tubulação, e por isto são chamadas "caixas de areia".

Mesmo que não haja mudança de direção é recomendado o uso de caixas de inspeção ou de areia sempre que a tubulação tiver comprimento superior à 12,0 m. Portanto a distância máxima entre as caixas será de 12,0 m, não havendo limite mínimo.

No caso das redes coletoras presas ao teto do sub-solo haverá também necessidade de dispositivos de inspeção, sendo os mais comuns tubos operculados ou tampões.

5.4.1.1 - Detalhe das caixa de inspeção e de areia

Normalmente as caixas de inspeção são de alvenaria com dimensões compatíveis com a maior ou menor facilidade de limpeza e são dotados de grelhas de ferro fundido para coleta das águas da superfície do terreno.

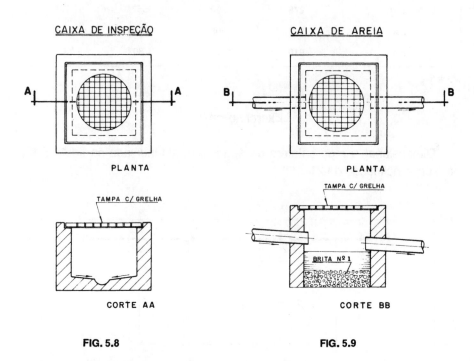

FIG. 5.8   FIG. 5.9

5.4.2 - Dimensionamento da rede coletora

A rede coletora é dimensionada de acordo com a tabela 3 a qual leva em conta a área de contribuição e a declividade do terreno, supondo uma precipitação de 150 mm/h.

TABELA 3

Diâmetros da rede coletora em função da área e declividade

Rede Coletora de Águas Pluviais				
Diâmetro (mm)	Declividade / Área			
	0,5%	1,0%	2,0%	4,0%
50	---	--	32	46
75	---	69	97	139
100	---	144	199	288
125	167	255	334	502
150	278	390	557	780
200	548	808	1.105	1.616
250	910	1.412	1.807	2.824

Macintyre

Exercício nº 3

Dimensionar a rede coletora de águas pluviais indicada na figura 5.10, para uma inclinação de 2%.

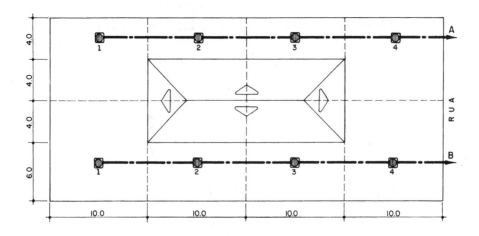

FIG. 5.10

Instalações de Esgoto Pluvial

Solução:

a) no presente caso temos duas redes distintas, que chamamos de rede **A** e rede **B**, colocando as letras nas extremidades das redes junto à rua;
b) em seguida dividimos a área total a escoar em áreas de contribuição para cada caixa de inspeção, conforme assinaladas em linhas tracejadas;
c) dividimos cada rede em trechos cujas extremidades são as caixas de inspeção; e,
d) organizamos uma planilha de cálculo, obedecendo os valores limites indicados na tabela 3.

PLANILHA DE CÁLCULO

Rede	Trecho	Área de Contribuição (m²) Simples	Área de Contribuição (m²) Acumulada	Diâmetro (mm)
A	1-2	80,0	80,0	75
A	2-3	80,0	160,0	100
A	3-4	80,0	240,0	125
A	4-A	80,0	320,0	125
B	1-2	100,0	100,0	100
B	2-3	100,0	200,0	125
B	3-4	100,0	300,0	125
B	4-B	100,0	400,0	150

5.5 - CONVENÇÕES

⊕ - coluna de águas pluviais

▥ - caixa de inspeção com grelha

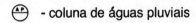 - tubulação de águas pluviais

CAPÍTULO 6

Instalações de esgoto sanitário

6.1 - GENERALIDADES

São instalações destinadas a retirada das águas servidas nas edificações, desde os aparelhos ou ralos até a rede coletora pública, ou outro destino final qualquer. Dividem em três partes: **esgoto secundário, esgoto primário** e **ventilação**.

6.2 ESGOTO SECUNDÁRIO

É a parte do esgoto que não está em contato com os gases provenientes do coletor público ou fossa séptica, ou seja, que vai dos aparelhos de utilização até a caixa sifonada. Para melhor compreensão observar que é a parte tracejada na FIG. 6.1.

O material mais indicado no esgoto secundário, bem como a caixa sifonada, é o PVC, por ser de fácil execução e paredes internas mais lisas, permitindo melhor escoamento. O diâmetro da tubulação é constante e igual a 40 mm, e a ligação das peças à caixa sifonada deverá ser feita de forma independente, conforme mostrado na FIG. 6.1.

Instalações de Esgoto Sanitário

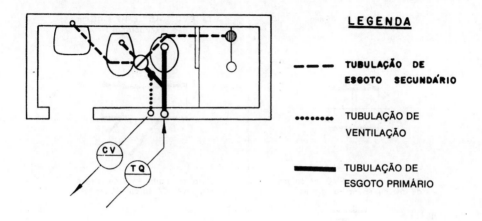

FIG. 6.1

Apresentamos, a seguir, a relação de conexões e peças mais comumente usadas nas instalações de esgoto secundário.

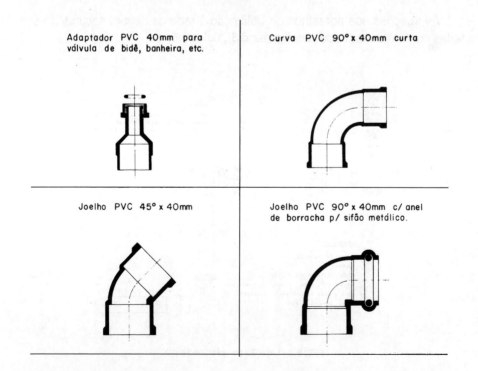

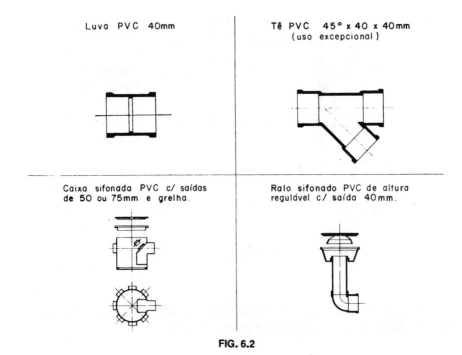

FIG. 6.2

As ligações dos aparelhos de utilização à rede de esgoto secundário são feitas conforme mostrado nas figuras 6.3, 6.4 e 6.5.

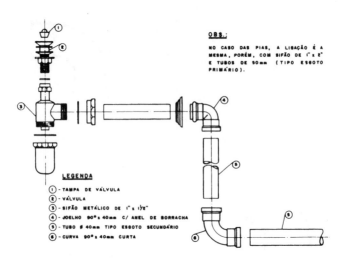

FIG. 6.3 - Ligação de lavatórios e pias

Instalações de Esgoto Sanitário 105

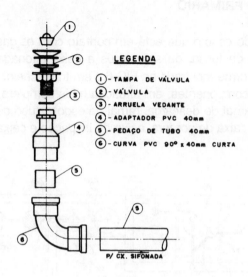

FIG. 6.4 - Ligação de bidês e banheiras

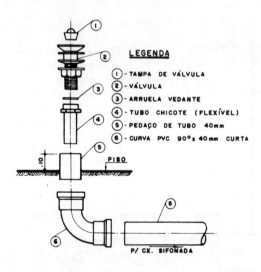

FIG. 6.5 - Ligação de tanques

6.3 - ESGOTO PRIMÁRIO

É a parte do esgoto que está em contato com os gases provenientes do coletor público ou fossa, ou seja, após a caixa sifonada no sentido do escoamento, conforme mostrado na FIG 6.1 em traço cheio.

As partes componentes, em situação mais completa, da rede de esgoto primário são: ramal de descarga, ramal de esgoto, tubo de queda, subcoletor, coletor predial, caixa de gordura, caixa de inspeção e caixa coletora.

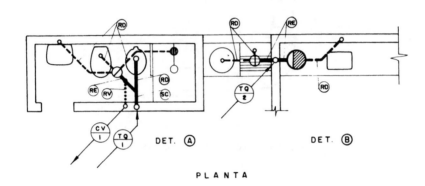

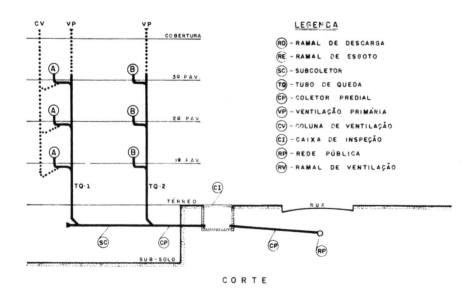

FIG. 6.6

Instalações de Esgoto Sanitário 107

6.3.1 - Ramal de descarga (RD)

Na realidade os ramais de descarga são quase todos esgotos secundários, pois são tubulações que recebem diretamente efluentes de aparelhos sanitários, exceção para os auto sifonados como mictórios, vasos etc. Os diâmetros das tubulações dos ramais de descarga são tirados diretamente da tabela 1, anexa ao final deste capítulo.

6.3.2 - Ramal de esgoto (RE)

Parte da tubulação que recebe os efluentes dos ramais de descarga e conduz a um sobcoletor, ou mesmo a um tubo de queda conforme o caso.
O dimensionamento é feito com auxílio da tabela 2.

6.3.3 - Subcoletor (SC)

Tubulação que recebe efluentes dos ramais de esgoto e conduz a um tubo de queda e/ou destes ao coletor predial. O dimensionamento é feito com auxílio da tabela 3.

6.3.4 - Tubo de queda (TQ)

É a tubulação vertical que conduz o esgoto dos diversos pavimentos até os subcoletores situados no teto do subsolo ou no terreno. Quando o edifício for bastante alto, acima de oito pavimentos, recomenda-se usar tubos de queda de ferro fundido, bem como os subcoletores presos ao teto do subsolo, por ser material de maior resistência ao impacto. Os tubos de queda devem ser dimensionados de acordo com a tabela 4 e sempre serem prolongados, com igual diâmetro, até 30 cm acima do telhado.

6.3.5 - Ramal de ventilação (RV)

Tubo ventilador interligando um ponto de ventilação da rede à coluna de ventilação ou a um tubo ventilador primário.

6.3.6 - Coletor predial (CP)

Trecho da tubulação compreendido entre a última inserção de subcoletor, ramal de esgoto ou de descarga e o coletor público ou outro destino final qualquer. O dimensionamento é feito da mesma maneira dos subcoletores,

108 *Instalações Prediais Hidráulico-Sanitárias*

ou seja, com os valores indicados na tabela 3. Tanto os coletores prediais quanto os subcoletores, devem, sempre que possível ser construídos na parte não edificada do terreno. Em toda mudança de direção é obrigatório a intercalação de caixas de inspeção, ou sem mudança mas com comprimento superior a 12,0 m. Na impossibilidade das caixas de inspeção, como desvio em tetos de subsolo, usar ângulos de 45º, ou mesmo 90º mas de raio longo, porém dotados de elementos de inspeção, tais como, tubos operculados, plugs ou caps.

6.3.7 - Caixa de gordura

Recomendada quando os esgotos contiverem resíduos gordurosos provenientes de pias de cozinhas, de restaurantes, etc., afim de retê-las, pretegendo assim a tubulação da rede quanto à deposição em suas paredes. Conforme a NB-19 da ABNT as caixas retentoras de gordura são de quatro tipos:

1 - **Pequena** (CGP) ou **individual** (CGI) - usada para uma cozinha
   - diâmetro interno = 30cm
   - parte submersa do septo = 20cm
   - capacidade de retenção = 18 L
   - saída = 75 mm

2 - **Simples** (CGS) - usada para duas cozinhas
   - diâmetro interno = 40 cm
   - parte submersa do septo = 20cm
   - capacidade de retenção = 31 L
   - saída = 75 mm

3 - **Dupla** (CGD) - usada entre três e doze cozinhas
   - diâmetro interno = 60cm
   - parte submersa do septo = 35 cm
   - capacidade de retenção = 120 L
   - saída = 100 mm

4 - **Especial** (CGE) - usada acima de doze cozinhas
   - parte submersa do septo = 40 cm
   - capacidade de retenção = V = (2N + 20) L (N - nº de pessoas servidas)
   - saída = 100 mm

Instalações de Esgoto Sanitário

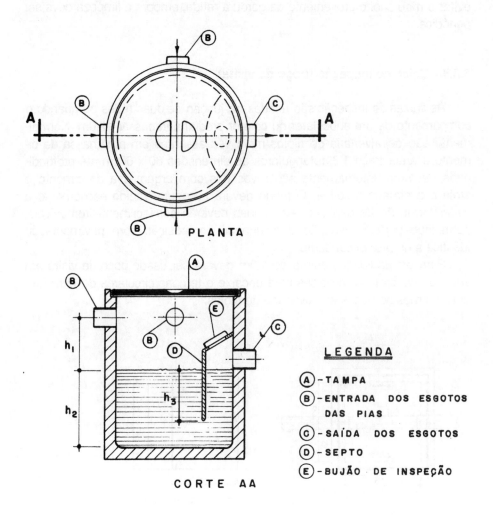

FIG. 6.7

Geralmente essas caixas são pré-fabricadas e mais comumente de fibrocimento, embora outros materiais também são usados. Devido a fermentação da gordura retida devem ser hermeticamente fechadas, porém com tampas removíveis. Recomenda-se o uso dos sifões nas pias, principalmente, para evitar o mau cheiro proveniente da gordura retida, embora a limpeza deve ser periódica.

6.3.8 - Caixa de inspeção (poço de visita)

As caixas de inspeção são usadas na junção de duas rêdes ou quando o comprimento de um subcoletor ou coletor predial ultrapassar 12,0m. Normalmente são de alvenaria de tijolos meia vez assentes em argamassa de cimento e areia traço 1:3, retangulares de dimensões 60 x 60cm até profundidade de 1,0m. Internamente são revestidas com argamassa de cimento e areia e queimado à colher. O fundo deverá assegurar rápido escoamento e evitar formação de depósito. As tampas deverão ser facilmente removíveis, permitindo perfeita vedação e facultando composição com pavimentação idêntica a do piso circundante.

Para profundidades acima de 1,0m deverá ser usado poço de visita em anéis de concreto com bolsas para encaixe e tampas circulares de ferro fundido, ou mesmo poços em alvenaria de tijolos.

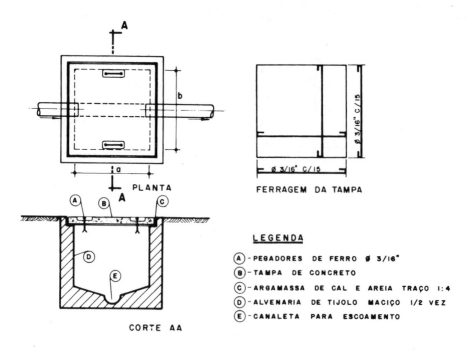

FIG. 6.8 - Caixa de Inspeção

Instalações de Esgoto Sanitário 111

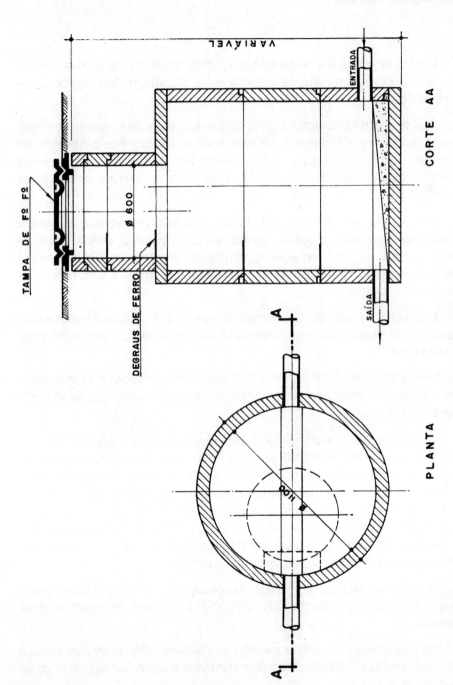

FIG. 6.9 - Poço de Visita (Tipo SANO)

112   *Instalações Prediais Hidráulico-Sanitárias*

6.3.9 - Caixa coletora

Devido as condições do terreno e o partido arquitetônico adotado muitas vezes, no todo ou em parte, as instalações se situam em nível inferior ao coletor público.

Assim, a condução deste esgoto ao coletor, só se fará através de dispositivos mecânicos de elevação. O mais comum são bombas centrífugas de eixo vertical com rotores apropriados para passagem de esferas até 60mm de diâmetro quando há efluentes de vasos sanitários e 18mm quando não incluam vasos.

Sempre que possível o esgotamento será feito diretamente ao coletor público por gravidade, e quando apenas parte for possível então o bombeamento deverá ser feito somente do restante. O esgoto a ser elevado deverá ser todo juntado numa caixa de inspeção e daí conduzido a uma caixa chamada caixa coletora.

Esta caixa deverá ser de concreto ou alvenaria resvestida e impermeabilizada e com capacidade equivalente ao consumo de um dia das peças a ela contribuintes.

Deverá ser locada em ponto de fácil acesso e hermeticamente fechada e com coluna de ventilação independente do circuito de ventilação da rêde de esgoto sanitário.

O recalque não poderá ser feito diretamente ao coletor público, e sim, a uma caixa de inspeção situada em ponto que possibilita o escoamento por gravidade desta ao referido coletor. Para maior segurança é recomendado a utilização de dois conjuntos moto-bombas, sendo um de reserva, e o acionamento feito de forma automática, ou seja, através de válvulas de bóia. Além das referidas válvulas, são instalados dispositivos de alarme que entram em funcionamento toda vez que o nível do líquido ultrapassar o limite máximo permitido quando do não funcionamento da bomba.

A vazão de recalque deverá ser aquela capaz de esvaziar a caixa coletora em **meia hora** para volumes até 2.000 litros e, em **uma hora** para volumes maiores.

As tubulações de recalque deverão ter diâmetro mínimo de 75mm quando a caixa receber efluentes de vasos sanitários e 32mm no caso de não incluir vasos.

Instalações de Esgoto Sanitário

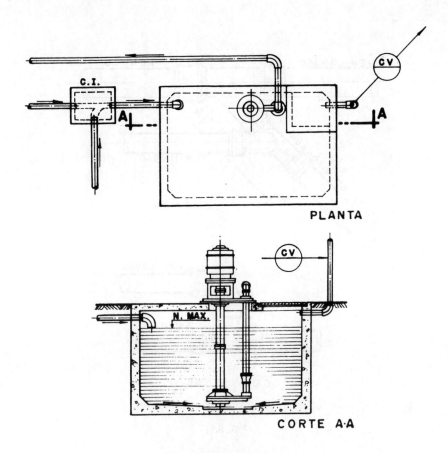

FIG. 6.10 - Caixa coletora

6.4 - VENTILAÇÃO

Toda rêde de esgoto primário deverá ser convenientemente ventilada afim de dar escape aos gases provenientes da rêde pública ou mesmo da rede interna do edifício e também manter a pressão atmosférica dentro da tubulação quando das descargas nos aparelhos. Principalmente quanto a proteção dos desconectores, a tubulação de ventilação deverá sair da rêde de esgoto em ponto mais conveniente possível e com diâmetro constante prolongar até 15cm acima da cobertura. Na extremidade superior da coluna de ventilação deverá ser colocada uma tela para evitar entrada de pássaros ou qualquer elemento que possa causar entupimento.

Quando na horizontal, a tubulação de ventilação não deve situar no mesmo plano da rede de esgoto e sim mais acima para evitar entrada de esgoto na mesma conforme figura 6.11.

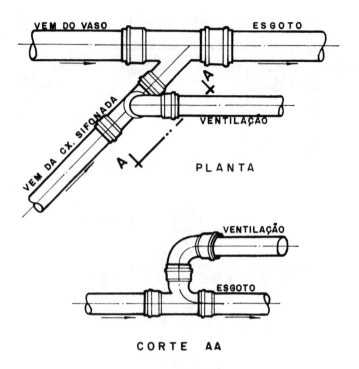

FIG. 6.11

A inserção do tubo ventilador no ramal de esgoto deve ficar o mais próximo possível da caixa sifonada. Quando se tratar de sanitário público com ligações dos vasos em série, todos os trechos deverão ser ventilados conforme mostrado na figura 6.12.

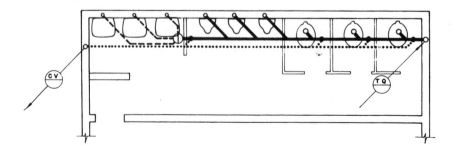

FIG. 6.12

Instalações de Esgoto Sanitário

6.5 - DIMENSIONAMENTO DAS PARTES COMPONENTES DE UMA INSTALAÇÃO DE ESGOTO SANITÁRIO

O dimensionamento das partes componentes de uma instalação predial de esgoto sanitário é feito com auxílio das tabelas indicadas no final deste capítulo e conforme NB-19 da ABNT.

Exercício Nº 1

Dimensionar as partes das instalações de esgoto sanitário indicadas nas figuras 6.13-a; 6.13-b; 6.13-c; 6.13-d e 6.13-e, para um edifício de apartamentos com subsolo, térreo e 10 pavimentos tipos de pé direito 3,0m.

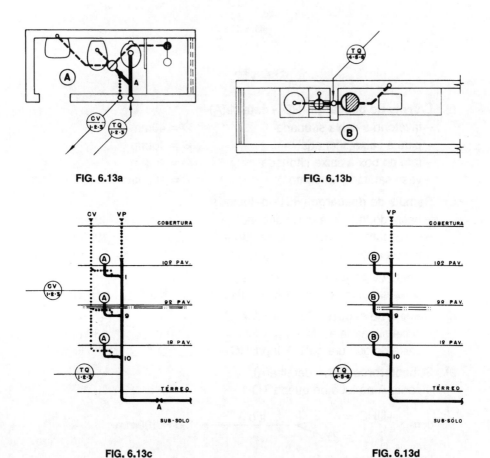

FIG. 6.13a

FIG. 6.13b

FIG. 6.13c

FIG. 6.13d

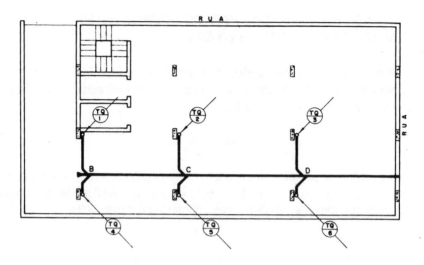

FIG. 6.13e

Solução

a) **Ramais de descarga** (RD) - detalhe(A)
   - lavatório à caixa sifonada $\varnothing = 40$mm
   - bidê à caixa sifonada $\varnothing = 40$mm
   - ralo do box à caixa sifonada $\varnothing = 40$mm
   - vaso sanitário ao ponto A $\varnothing = 100$mm

b) **Ramais de descarga** (RD) - detalhe(B)
   - bacia do tanque à caixa sifonada $\varnothing = 40$mm
   - batedouro do tanque à caixa sifonada $\varnothing = 40$mm
   - pia da cozinha à caixa de gordura $\varnothing = 50$mm

c) **Ramais de esgoto** (RE) - detalhe(A)
   - caixa sifonada ao ponto A: P/ UHC = 5 ──tab 2──▶ $\varnothing = 50$mm

d) **Ramais de esgoto** (RE) - detalhe(B)
   - caixa sifonada ao TQ-4: p/ UHC = 3 ──tab 2──▶ $\varnothing = 50$mm
   - caixa de gordura ao TQ-4: p/UHC = 3 ──tab 2──▶ $\varnothing = 75$mm

e) **Subcoletores** (SC) - detalhe(A)
   - ponto A ao tubo de queda TQ-1

   com $\begin{cases} UHC = 6 \\ i = 2\% \end{cases}$ ──tab 3──▶ $\varnothing = 100$mm

f) **Tubos de queda** (TQ)

Instalações de Esgoto Sanitário 117

Tubo de Queda	Trecho	Unidades Hunter de Contribuição (UHC)		Diâmetro mm
		Simples	Acumuladas	
TQ-1-2-3	1 - 2	6	6	100
TQ-1-2-3	2 - 3	6	12	100
TQ-1-2-3	3 - 4	6	18	100
TQ-1-2-3	4 - 5	6	24	100
TQ-1-2-3	5 - 6	6	30	100
TQ-1-2-3	6 - 7	6	36	100
TQ-1-2-3	7 - 8	6	42	100
TQ-1-2-3	8 - 9	6	48	100
TQ-1-2-3	9 - 10	6	54	100
TQ-4-5-6	1 - 2	6	6	75
TQ-4-5-6	2 - 3	6	12	75
TQ-4-5-6	3 - 4	6	18	75
TQ-4-5-6	4 - 5	6	24	75
TQ-4-5-6	5 - 6	6	30	75
TQ-4-5-6	6 - 7	6	36	75
TQ-4-5-6	7 - 8	6	42	75
TQ-4-5-6	8 - 9	6	48	75
TQ-4-5-6	9 - 10	6	54	75

Observação: No detalhe A , consideramos o uso não simultâneo dos aparelhos e tomamos para cálculo o de maior UHC. Já no detalhe B poderá haver uso simultâneo.

g) **Subcoletores** (SC)

– ponto B ao ponto C: com $\begin{cases} UHC = 108 \\ i \quad\ = 2\% \end{cases}$ $\xrightarrow{\text{tab 3}}$ $\varnothing = 100mm$

– ponto C ao ponto D: com $\begin{cases} UHC = 216 \\ i \quad\ = 2\% \end{cases}$ $\xrightarrow{\text{tab 3}}$ $\varnothing = 100mm$

h) **Coletor predial** (CP)
   – ponto D ao coletor público: com $\begin{cases} UHC = 324 \\ i = 2\% \end{cases} \xrightarrow{tab\ 3} \emptyset = 150mm$

i) **Ramais de ventilação** (RV)
   – com UHC = 11 $\xrightarrow{tab\ 5}$ $\emptyset = 50mm$

j) **Colunas de ventilação** (CV-1-2 e 3)
   – com $\begin{cases} \text{comprimento} = 10\times3=30m \\ UHC = 54 \end{cases} \xrightarrow{tab\ 7} \emptyset = 75mm$

6.6 - CONVENÇÕES

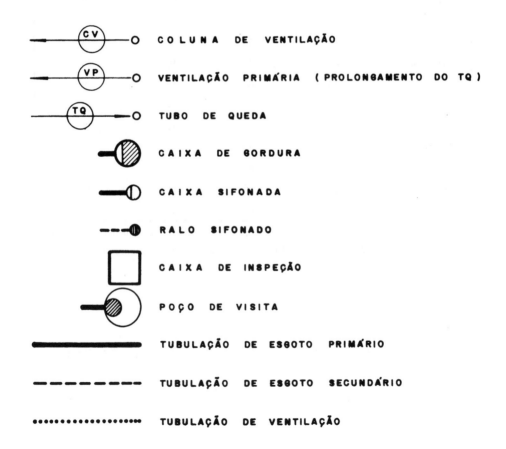

Instalações de Esgoto Sanitário

6.7 - TABELAS PARA DIMENSIONAMENTO DAS INSTALAÇÕES DE ESGOTO SANITÁRIO

TABELA 1

Unidades Hunter de contribuição dos aparelhos sanitários e diâmetro nominal dos ramais de descarga.

Aparelho	Número de Unidades Hunter de Contribuição	Diâmetro Nominal do Ramal de Descarga-DN
Banheira de residência	3	40
Banheira de uso geral	4	40
Banheira hidroterápica - fluxo contínuo	6	75
Banheira de emergência (hospital)	4	40
Banheira infantil (hospital)	2	40
Bacia de assento (hidroterápica)	2	40
Bebedouro	0,5	30
Bidê	2	30
Chuveiro de residência	2	40
Chuveiro coletivo	4	40
Chuveiro hidroterápico	4	75
Chuveiro hidroterápico tipo tubular	4	75
Ducha escocesa	6	75
Ducha perineal	2	30
Lavador de comadre	6	100
Lavatório de residência	1	30
Lavatório geral	2	40
Lavatório quarto de enfermeira	1	30
Lavabo cirúrgico	3	40
Lava pernas (hidroterápico)	3	50
Lava braços (hidroterápico)	3	50
Lava pés (hidroterápico)	2	50

continua

120

Instalações Prediais Hidráulico-Sanitárias

continuação

Mictório - válvula de descarga	6	75
Mictório - caixa de descarga	5	50
Mictório - descarga automática	2	40
Mictório de carga por metro	2	50
Mesa de autópsia	2	40
Pia de residência	3	40
Pia de serviço (despejo)	5	75
Pia de laboratório	2	40
Pia de lavagem de instrumentos (hospital)	2	40
Pia de cozinha industrial - preparação	3	40
Pia de cozinha industrial - lavagem de panelas	4	50
Tanque de lavar roupa	3	40
Máquina de lavar pratos	4	75
Máquina de lavar roupa até 30 Kg.	10	75
Máquina de lavar roupa de 30Kg até 60Kg	12	100
Máquina de lavar roupa acima de 60Kg	14	150
Vaso sanitário	6	100

NB-19 da ABNT

TABELA 2

Dimensionamento de ramais de esgoto

Diâmetro nominal do tubo DN	Número máximo de unidades Hunter de contribuição
30	1
40	3
50	6
75	20
100	160
150	620

NB-19 da ABNT

Instalações de Esgoto Sanitário

TABELA 3

Dimensionemento de coletores prediais e subcoletores

Diâmetro nominal do tubo CN	Número máximo de unidades Hunter de contribuição declividades mínimas (%)			
	0,5	1	2	4
100	-	180	216	250
150	-	700	840	1.000
200	1.400	1.600	1.920	2.300
250	2.500	2.900	3.500	4.200
300	3.900	4.600	5.600	6.700
400	7.000	8.300	10.000	12.000

NB-19 da ABNT

TABELA 4

Dimensionamento de tubos de queda

Diâmetro nominal do tubo DN	Número máximo de unidades Hunter de contribuição		
	Prédio de até 3 pavimentos	Prédio com mais de 3 pavimentos	
		em 1 pavimento	em todo o tubo
30	2	1	2
40	4	2	8
50	10	6	24
75	30	16	70
100	240	90	500
150	960	350	1.900
200	2.200	600	3.600
250	3.800	1.000	5.600
300	6.000	1.500	8.400

NB - 19 da ABNT

TABELA 5

Dimensionamento de ramais de ventilação

Grupo de aparelhos sem vasos sanitários		Grupo de aparelhos com vasos sanitários	
Número de unidades Hunter de contribuição	Diâmetro nominal do ramal de ventilação DN	Número de unidades Hunter de contribuição	Diâmetro nominal do ramal de ventilação DN
até 2	30	até 17	50
3 a 12	40	18 a 60	75
13 a 18	50	-	-
19 a 36	75	-	-

NB-19 da ABNT

TABELA 6

Distância máxima de um desconector ao tubo ventilador

Diâmetro nominal do ramal de descarga DN	Distância máxima (m)
30	0,70
40	1,00
50	1,20
75	1,80
100	2,40

NB-19 da ABNT

TABELA 7

Dimensionamento de colunas e barriletes de ventilação

Diâmetro nominal do tubo de queda ou ramal de esgoto DN	Número de unidades Hunter de contribuição	Diâmetro nominal mínimo ventilação									
		30	40	50	60	75	100	150	200	250	300
		comprimento máximo permitido (m)									
30	2	9									
40	8	15	46								
40	10	9	30								
50	12	9	23	61							
50	20	8	15	46							
75	10	-	13	46	110	317					
75	21	-	10	33	82	247					
75	53	-	8	29	70	207					
75	102	-	8	26	64	189					
100	43	-	-	11	26	76	229				
100	140	-	-	8	20	61	299				
100	320	-	-	7	17	52	195				
100	530	-	-	6	15	46	177				
150	500	-	-	-	-	10	40	305			
150	1.100	-	-	-	-	8	31	238			
150	2.000	-	-	-	-	7	26	201			
150	2.900	-	-	-	-	6	23	183			
200	1.800	-	-	-	-	-	10	73	286		
200	3.400	-	-	-	-	-	7	57	219		
200	5.600	-	-	-	-	-	6	49	186		
200	7.600	-	-	-	-	-	5	43	171		
250	4.000	-	-	-	-	-	-	24	94	293	
250	7.200	-	-	-	-	-	-	18	73	225	
250	11.000	-	-	-	-	-	-	16	60	192	
250	15.000	-	-	-	-	-	-	14	55	174	
300	7.300	-	-	-	-	-	-	9	37	116	287
300	13.000	-	-	-	-	-	-	7	29	90	219
300	20.000	-	-	-	-	-	-	6	24	76	186
300	26.000	-	-	-	-	-	-	5	22	70	152

NB-19 da ABNT

CAPÍTULO 7

Piscinas residenciais

O número de piscinas residenciais tem aumentado consideravelmente nos últimos anos, não somente nas casas, como em condomínios, justificando a inclusão de noções básicas sobre a matéria.

Contrariamente à concepção popular, uma piscina não é simplesmente um tanque cheio d'água. É um sistema de recreação aquática que compreende as seguintes partes integrantes:

a - A piscina ou o "tanque" propriamente dito;
b - A área periférica, de lazer;
c - O sistema hidráulico de recirculação;
d - A instalação de tratamento da água;
e - Instalações anexas.

7.1 - A PISCINA

As piscinas podem ser construídas "in loco", de concreto armado, ou podem ser pré-fabricadas, de fibra de vidro ou de aço revestido. As piscinas pré-fabricadas são feitas em tamanhos diversos, que variam desde 2,50 x 4,00 até 10,00 x 20,00m.

7.1.1 - Tamanho

O tamanho das piscinas depende do uso que se vai ter, sendo limitado pela área que se dispõe para a implantação.

Piscinas Residenciais 125

Em residências isoladas os tamanhos são muito variáveis, começando por qualquer coisa da ordem de 3,00 x 6,00m.

Para os conjuntos residenciais com muitos apartamentos, pode-se fazer uma estimativa como a seguinte: Supondo três edifícios, cada um com 20 apartamentos de três dormitórios, encontra-se:
- População residente: 3 x 20 x 5 = 300
- Frequência simultânea:
- Número total de pessoas que vão, no mesmo período, para a piscina: Admitindo-se um terço dos residentes, tem-se: 1/3 (300) = 100
  Desses freqüentadores pode-se admitir que em certo momento 1/3 das pessoas estará na parte externa (área periférica) e 2/3 poderão estar na água, resultando 67 "nadadores".

Como não se pode admitir menos de $2,50m^2$ por pessoa obtem-se como área mínima $167m^2$.

Poder-se-ia considerar uma piscina de 10,00 x 18,00m.

7.1.2 - Orientação

Dá-se preferência, sempre que possível, para orientar o lado maior de uma piscina paralelamente à linha Norte-Sul.

7.1.3 - Forma

As piscinas residenciais podem ter a forma clássica retangular ou então formas curvilíneas (circular, elíptica, forma de ameba, etc).

A forma retangular se presta melhor para a construção, para a pré-fabricação e para a boa circulação da água.

As piscinas não devem ser projetadas com quinas, reentrâncias ou saliências internas e também não devem apresentar barras, vigas transversais e zonas "mortas".

7.1.4 - Comprimento

Comprimentos pequenos restringem a prática de natação. Mesmo para recreação o comprimento não deve ser inferior a 6,25m no caso de piscinas bem pequenas. Dimensões mais comuns são: 9,00 - 12,50 - 18,75 - 25,00 e 50,00m, sendo que estes últimos valores são adotados em piscinas que podem servir para treinamento e competição. Em se tratando de competição é importante observar que a tolerância na dimensão longitudinal da piscina, depois de pronta, é de apenas 1,0 cm.

126   *Instalações Prediais Hidráulico-Sanitárias*

7.1.5 - Largura

Nas menores piscinas a largura geralmente é um múltiplo de 1,50, enquanto que nas piscinas grandes são preferidos tamanhos múltiplos de 2,50.

7.1.6 - Profundidade

Nas piscinas com profundidade variável a parte rasa é a mais frequentada e por isso ela deve abranger a maior área (65 a 80%).

A menor profundidade geralmente está compreendida entre 0,80 e 1,20 (este último valor permitindo a prática de polo aquático).

As pequenas piscinas pré-fabricadas, de "fiber-glass", geralmente são fornecidas com profundidade uniforme de 1,00m e as maiores, desse mesmo material, são feitas com profundidade variável de 1,40 a 1,70.

A parte profunda geralmente mede 1,50 ou mais. (para piscinas de competição: 1,80m, e para piscinas destinadas a saltos de maior altura: 4,50).

7.1.7 - Declividade do Fundo

O fundo das piscinas na parte rasa não deve apresentar degraus (são perigosos) e a declividade do fundo não deve ser superior a 7% afim de evitar instabilidade e escorregamentos.

7.1.8 - Quebra-ondas

Para evitar ou controlar o espargimento da água sobre as paredes das piscinas deve ser projetado um sistema de quebra-ondas.

Há dois tipos usuais: O tipo clássico compreende uma canaleta reentrante com bordas arredondadas para apoio dos banhistas. Nessa canaleta são instalados os drenos de água vertida. Outro tipo consiste em uma faixa periférica, plana, impermeável com pequena declividade para escoamento da água.

7.1.9 - Escadas

As escadas não devem ser de alvenaria e não devem ocupar o interior da piscina.

Nas piscinas muito pequenas pode ser prevista uma única escada metálica, anticorrosiva, de tipo próprio. Nas piscinas maiores devem ser instaladas

Piscinas Residenciais 127

duas escadas, nas extremidades laterais, uma na parte rasa e outra na parte profunda, esta segunda aprofundando-se até 1,50m abaixo do nível d'água.

7.1.10 - Marcações

As marcações para sinalização são feitas com o propósito de indicar profundidades, demarcar raias e chamar a atenção para as partes profundas.

7.2 - A ÁREA PERIFÉRICA

A área periférica, utilizada para lazer, exposição ao sol e descanso dos banhistas é extremamente importante para o bom aproveitamento da instalação.

Uma parte da área pode ser revestida com planchas separadas ("deck"), outra serve para cadeiras reclináveis e uma terceira é utilizada para circulação de usuários.

O dimensionamento dessas áreas deve ser baseado na previsão do número de freqüentadores.

Os cuidados construtivos são os seguintes: O material do piso não deve ser escorregadio; não devem existir degraus, sulcos ou lava-pés e devem ser evitadas condições de acumulação de água (empoçamento).

7.3 - O SISTEMA HIDRÁULICO

O sistema hidráulico compreende:

a - Canalização e bocal de alimentação (da rede pública);
b - Canalização e bocais de aspiração;
c - Canalização e bocais de retorno;
d - Canalização e grelha de drenagem de fundo;
e - Canalização e ralos para dreno dos quebras-ondas.

No caso de piscinas pequenas, com volumes até 125m^3 pode-se considerar dois pontos de entrada situados na extremidade rasa. Nas piscinas de 125 até 250m^3 pode-se adotar 3 entradas e nas piscinas grandes devem ser previstas entradas ao longo das paredes, espaçadas no máximo de 4,50m A água deve entrar à 0,25 - 0,30m abaixo do nível de água.

Os drenos ou pequenos ralos que servem o quebra-ondas também devem guardar espaçamentos máximos de 4,50m.

128   *Instalações Prediais Hidráulico-Sanitárias*

Na parte mais profunda, junto ao fundo é instalada uma grelha para saída da água que vai para a instalação de tratamento e que serve para o esvaziamento da piscina.

Nas piscinas pequenas essa grelha mede 0,15 x 0,15m ou 0,15 x 0,30m e nas piscinas grandes podem ser instaladas várias unidades de 0,30 x 0,30m com o propósito de reduzir a velocidade de entrada e os efeitos de sucção.

Existe ainda um ou mais pontos de aspiração para o equipamento de limpeza.

7.4 - INSTALAÇÃO DE TRATAMENTO

As piscinas que dispõem de uma fonte natural de água, com vazão suficiente (capaz de enchê-la em 12 horas), o que é raro, poderr dispensar a recirculação e o tratamento de água.

O tratamento de água para o seu reaproveitamento (recirculação) é feito em instalações que compreendem:
- Retentores de pêlos e cabelos;
- Filtros rápidos;
- Bomba (ou bombas).

As instalações grandes podem incluir, ainda: depósito e dosadores para reagentes químicos, equipamentos de cloração, sistema de aquecimento da água, medidores e iluminação.

O número de filtros e o seu tamanho depende do tamanho da piscina.

A experiência mostra que para se manter a água em condições satisfatórias é preciso adotar uma taxa, ou razão de recirculação, igual a 2 ou 3.

Define-se taxa de recirculação como sendo o número de vezes que a água é recirculada e tratada por dia:

$$T = \frac{\text{Vol. Recirculado/24 h. } (m^3)}{\text{Vol. da Piscina } (m^3)} \geq 2$$

As piscinas com pouco uso podem ser equipadas com T = 2, isto é, com um período de recirculação de 12 horas, enquanto que as piscinas mais freqüentadas devem ser projetadas com T = 3 ou T = 4 (Recirculação de 8 ou 6 horas).

Os retentores de pêlos e cabelos precedem os filtros e nas instalações residenciais apresentam-se nos tamanhos de 75 e 100mm.

Os filtros modernamente são projetados com características para funcionar com vazões altas (taxas elevadas de filtração, da ordem de 900 m^3/m^2.dia).

Piscinas Resìdenciais   129

Calcula-se inicialmente a vazão que se deve ter na recirculação:

$$Q = \frac{\text{Volume da piscina}}{\text{Tempo de Recirculação}} \quad m^3/h$$

EXEMPLO:

Para um piscina de 10,00 x 18,00 x 1,35
Volume da piscina = 10,00 x 18,00 x 1,35 = 243m^3
Tempo de recirculação = 8:00 horas

$$Q = \frac{243}{8} = 30,4m^3/h = 8,4 \text{ litros/seg. ou } 730 \text{ } m^3/h$$

Taxa de filtração = 900m^3/m^2.dia
Área necessária dos filtros S = $\dfrac{730}{900}$ = 0,81m^2

De acordo com a tabela 1, podem ser adotados 2 filtros de 750mm de diâmetro.

TABELA 1

Filtros, Vazões e Volumes de Piscinas

Número de Filtros	Diâmetro de Filtro (mm)	Áreas dos Filtros (m²)	Vazões (1/s)	Volume Máximo das Piscinas (m³)		Potência da Bomba (HP)	Diâmetro de Alimentação (mm)	Diâmetro de Descarga (mm)
				Recirculação (8 h)	Recirculação (12 h)			
1	400	0,126	1,30	38	56	1/3	32	38
1	500	0,196	2,03	59	88	1/2	38	50
1	600	0,282	2,94	85	127	1	50	60
1	750	0,442	4,60	133	199	1 1/2	60	75
2	600	0,564	5,88	169	254	2	75	100
2	750	0,884	9,21	265	398	3	100	100

Os equipamentos de tratamento ficam abrigados em um compartimento próprio, geralmente abaixo do nível do solo (V. Fig.7.1)

130 *Instalações Prediais Hidráulico-Sanitárias*

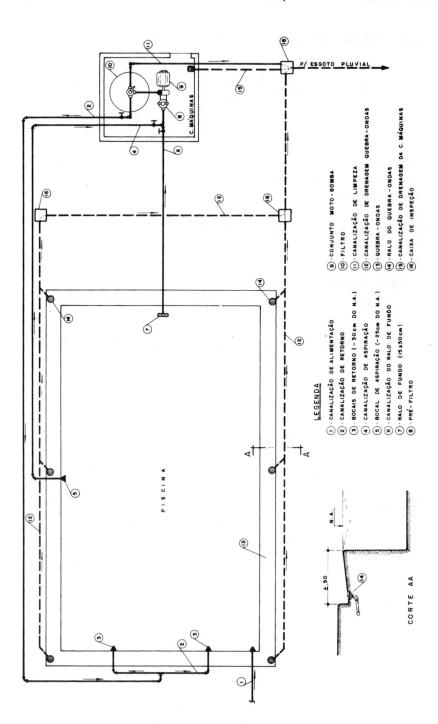

FIG. 7.1

Piscinas Residenciais 131

TABELA 2

Vazões de Recirculação e Canalizações de Saída

Volume das Piscinas (m³)	Vazões de recirculação (1/s)		Diâmetro da canalização (mm)
	Recirculação (8 h)	Recirculação (12 h)	
100	3,5	2,3	50
150	5,2	3,4	75
200	6,9	4,6	100
300	10,4	6,9	100
400	13,9	9,2	125
500	17,3	11,6	150
700	24,3	16,2	150

7.5 - INSTALAÇÕES ANEXAS

As instalações anexas podem compreender: Instalações sanitárias, compartimentos para troca de roupa, chuveiros e lavapés.

O lava-pés deve ser feito com um comprimento que obrigue o banhista a molhar os dois pés e deverá ter 0,20m de água com cloro.

CAPÍTULO 8

Usos e consumos específicos de água

8.1 - INTRODUÇÃO

São inúmeros os usos da água e muito variável o consumo, quaisquer que sejam os seus mais diversos propósitos. O engenheiro necessita, entretanto, de dados para as suas avaliações e projeções, recorrendo, por isso, à observação e aos procedimentos da estatística.

Os dados promédios relativos a determinados usos constituem o que se denomina "consumos específicos". Eis alguns exemplos de consumos específicos:

- Consumo médio, por habitante, numa residência operária . . . 150 litros/dia
- Consumo de água para produzir 1 litro de cerveja. . . . . .20 litros
- Consumo de água em Lava-rápidos, por veículo . . . . 250 litros

O consumo de água em uma cidade varia consideravelmente com o tempo e também de distrito para distrito. Nos dias de calor ele se acentua e nos dias chuvosos há uma redução considerável.

Inúmeros são os fatores que exercem influência sobre o consumo doméstico de água: clima, padrão de vida, hábitos, características das instalações prediais, modo de fornecimento (serviço medido ou não), custo e qualidade da água, pressão no sistema distribuidor, existência ou não de rede de esgotos, poluição atmosférica, perdas e desperdícios e muitos outros.

*Usos e Consumos Específicos de Água*133

Melhorando-se, por exemplo, a qualidade das torneiras e das peças metálicas das instalações, ou instalando-se bacias sanitárias que exigem menos água para sua limpeza, pode-se conseguir reduções consideráveis no consumo doméstico de água.

Informações e previsões sobre consumos e demandas prováveis de água pelos usuários são dados que servem de apoio para projetos novos.

Os projetos hidráulicos de instalações prediais envolvem quatro variáveis principais: A vazão requerida, a pressão necessária, a velocidade da água nas tubulações e o diâmetro dos canos.

A vazão requerida é obtida a partir de consumos específicos dos usuários, de exigências quantitativas dos aparelhos e de usos simultâneos de conjuntos de pontos de uso. As exigências dos aparelhos geralmente ficam compreendidas entre 0,2 e 0,3 litros/seg., por aparelho, com exceção das válvulas de descarga para as quais o limite mínimo é 2,0 litros/seg.

A pressão necessária para o bom funcionamento dos aparelhos é estabelecida por normas ou especificações. A pressão mínima admitida nos pontos de uso é de 1,00 m.c.a. valor este que deve ser dobrado no caso de aquecedores a gás e válvulas de descarga.

A velocidade da água nos encanamentos deve ficar compreendida entre limites fixados por condições econômicas, não devendo exceder a certos valores a fim de que as perdas de pressão não fiquem exagerados e também para que os ruídos não ultrapassem níveis tolerados (2,50/seg.).

O diâmetro mínimo das menores tubulações (sub-ramais que alimentam diretamente os pontos de consumo) é 15mm (1/2 pol.), com exceção daquelas que fornecem água para aquecedores a gás de baixa pressão (20mm ou 3/4 pol.) e para válvulas de descarga (estas de 32mm ou 1 1/4pol.).

8.2 - CONSUMOS DA ÁGUA

O principal valor a se determinar é, portanto, os consumos previstos. Para isso pode-se partir de dados médios de consumo expressos em litros por dia (por pessoa, por unidade de área ou de produto).

Os consumidores em um sistema de abastecimento de água são classificados em 4 categorias principais, a saber:

1 - Domésticos;
2 - Comerciais;
3 - Industriais;
4 - Públicos.

134 *Instalações Prediais Hidráulico-Sanitárias*

Existem, além disso, nas zonas rurais, consumos correspondentes à produção agrícola e animal.

São bastante difundidos os dados relativos a consumos médios urbanos, expressos em litros/dia per capita (isto é por pessoa). Assim, por exemplo, sabe-se que Filadelfia são consumidos 720 litros diários por habitante, em Bogotá 240 litros, em São Paulo 256 litros, em Fortaleza 190 litros, em Goiânia 200 litros e em algumas cidades pequenas do Nordeste 150 litros.

É importante assinalar que ao se projetar instalações prediais não se deve confundir tais consumos urbanos com os consumos médios que ocorrem nos edifícios residenciais, pois os primeiros abrangem perdas no sistema público, além de parcelas para atender usos não domiciliares.

Um aspecto curioso que se apresenta é que uma criança com menos de 2 anos de idade consome para beber 3 vezes mais água do que um adulto (tomando-se por base o peso). Nos adultos o consumo de água para bebida ajusta-se ao dispêndio de calorias, mais ou menos á razão de 1 litro por 1.000 calorias.

A seguir são apresentadas as seguintes tabelas, de grande utilidades para o projetista:

Tab. 1: Consumos médios nos domicílios
Tab. 2: Consumos médios em aparelhos e pesos relativos
Tab. 3: Consumos médios diários
Tab. 4: Consumos médios em indústrias
Tab. 5: Consumos médios de animais

8.3 - VAZÕES DE DIMENSIONAMENTO

As vazões a considerar para dimensionamento das tubulações dependem de cada caso em consideração.

No caso do alimentador predial (ramal predial), se não existir reservatório predial adota-se a seguinte expressão:

sendo:

$$Q = K \frac{q}{86.400}$$

Q = vazão de dimensionamento em litros/seg.
q = consumo diário, em litros (da habitação)
k = coeficiente de reforço = 2

Usos e Consumos Específicos de Água 135

e se existir reservatório, que é o mais comum, a expressão fica:

$$Q = \frac{q}{86.400}$$

As instalações elevatórias internas, quando existirem, são dimensionadas para o dobro dessa vazão Q. (O conjunto elevatório funcionando 6 horas por dia, no total).

Os sub-ramais que alimentam diretamente os pontos de utilização são calculados com base nos consumos médios dos aparelhos e em diâmetros que sejam iguais ou superiores aos mínimos já indicados.

As canalizações que alimentam vários aparelhos, no caso de edifícios residenciais, devem ser dimensionadas para as vazões máximas prováveis (vazões instantâneas que podem ser esperadas do uso normal dos aparelhos que estiverem em funcionamento).

Os seguintes exemplos podem ser considerados:

a - Uma canalização alimenta 2 aparelhos em um banheiro domiciliar: O lavatório e a banheira (esta em enchimento). Como são 2 aparelhos admite-se a sua utilização simultânea e somam-se as duas vazões específicas;

b - Uma canalização serve a 3 pontos de uso. Neste caso não será provável o uso simultâneo dos três aparelhos. Poder-se-ia considerar 2 aparelhos em uso ou então uma redução da ordem de 20% na soma das três vazões;

c - Uma canalização serve a 4 aparelhos. Neste caso pode-se admitir uma redução bem maior do que no caso anterior, aplicável à soma das quatro vazões;

d - No caso de um banheiro residencial, onde existem 5 pontos de uso, por se tratar de um compartimento, é provável que sejam utilizados apenas 2 aparelhos ao mesmo tempo (os de maior consumo);

e - Em um hotel com 50 apartamentos e 50 bacias sanitárias é provável que no máximo 7 bacias estejam funcionando simultâneamente.

O fenômeno é, pois, de natureza probabilística existindo três métodos usuais para cálculo das vazões máximas prováveis:

8.3.1 - Método prático

Baseando em dados obtidos através da experiência, que podem ser representados graficamente, como por exemplo as curvas de ajustamento de vazões proposta pelo Eng. Harold P. Hall. A antiga Repartição de Águas e Esgotos de São Paulo (RAE), que na época analisava projetos de instalações

136   *Instalações Prediais Hidráulico-Sanitárias*

prediais e fiscalizava a sua execução, realizou pesquisas sobre o assunto, tendo adotado a solução de Hall.

8.3.2 - Método probabilístico de Roy B. Hunter

Desenvolvido para o U.S. Department of Commerce, Building Materials and Structures. (Report BMS 65, 1940). Esse método, que se baseia em pesos atribuídos aos diversos aparelhos onde a água é usada, foi introduzido no Brasil pelo Engº Haroldo Jezler através de artigo publicado na revista ENGE-NHARIA número 82, junho de 1949. Esse trabalho foi objeto de uma exegese feita pelo Eng. Marcelo Francisco Lima, publicada na Revista DAE, em maio de 1956.

8.3.3 - Método probabilístico da Norma para Instalações Prediais de Água Fria, NB-92-1980, da ABNT

Baseia-se em pesos atribuídos aos pontos de utilizaçao e na equação:

$$Q = C\sqrt{\Sigma P}$$

Este método foi proposto pelo Eng. Hans Lehfeld, especialista de reno-me, que se apoiou na orientação estabelecida pela norma alemã (DIN). A proposta foi discutida em reunião da Comissão de São Paulo, responsável pela normalização, com a participação dos engenheiros Altino Nunes Pimenta e José M. de Azevedo Netto, ambos representando o DAE, de São Paulo. Os pesos foram estabelecidos tendo em consideração os dados práticos e experimentais da R.A.E.

A expressão conduz a resultados melhores no caso de instalações que compreendem combinações usuais de aparelhos comuns e válvulas de descarga (No caso em que se tenha uma coluna alimentando exclusivamente válvulas de descarga resultam valores mais elevados do que aqueles obtidos por outros métodos, o que sugere uma revisão dos pesos atribuidos aos aparelhos).

Para instalações com poucos pontos de consumo e também para instalações com grande número de aparelhos os resultados obtidos pelos três métodos expostos diferem significativamente. Em faixas intermediárias resultam valores mais próximos.

Ao avaliar as vazões máximas que na realidade podem ocorrer o projetista deverá ter o cuidado necessário para não aplicar métodos de redução das

Usos e Consumos Específicos de Água   137

vazões nos casos em que conjuntos de aparelhos abastecidos sejam usados global e simultaneamente. Exemplos típicos são baterias de lavatórios em indústrias, baterias de chuveiros em um quartel ou internato escolar, etc.

8.3.4 - Método adotado na norma brasileira

As vazões máximas prováveis produzidas por aparelhos de uso aleatório são calculadas pela expressão:

$$Q = 0,3 \sqrt{\Sigma P}$$

onde,

Q = vazão máxima provável, litros/seg.
Σp = soma dos pesos dos aparelhos ligados à canalização, litros/seg (Tab. 2)

A norma PNB 587-1977 inclue um nomograma que fornece diretamente os valores de Q (a partir da soma dos pesos) e indica os diâmetros admissíveis para a tubulação.

TABELA 1

Consumos Médios nos Domicílios
(Litros/dia)

Usos	Consumo	%
Asseio pessoal	30 a 60	30
Bacia sanitária	30 a 60	30
Bebida	2	1 a 1,5
Cozinha	5 a 10	5 a 10
Lavagem de automóvel (domiciliar)	2 a 4	1 a 2
Lavagem de roupas pessoais	10 a 20	5 a 10
Limpeza domiciliar	10 a 20	5 a 10
Rega de jardins	1 a 3	2

138   *Instalações Prediais Hidráulico-Sanitárias*

TABELA 2

Consumos Médios de Aparelhos e Pesos Relativos

Aparelhos	Volume Médio de Utilização Litros	Vazões Litros/seg.	Pesos Relativos ABTN
Bacia sanitária comum com caixa de descarga	10 a 25	0,15	0,3
Bacia sanitária comum com válvula de descarga	15 a 40	1,9 a 2,2	40,0
Banheiras, por banho	100 a 200	0,30	1,0
Bidê, por uso	20 a 30	0,10	0,1
Chafariz público, por pessoa	20 a 40	0,20	0,7
Chuveiro, por banho	25 a 75	0,10	0,5
Lavatório	20 a 30	0,20	0,5
Máquina de lavar pratos, por operação	25 a 40	0,20	1,0
Máquina de lavar roupa, por operação	15 a 35	0,25	1,0
Pia de copa ou de cozinha	20 a 40	0,25	0,7
Tanque de lavar roupa	40 a 100	0,30	1,0
Torneira de uso comum	30 a 60	0,20	0,7

TABELA 3

Consumos Médios Diários
(Litros)

Usos e Usuários	Consumos
Aeroportos, por passageiros	12
Alojamentos provisórios, por pessoa	80
Bares, por m^2	40
Camping, por freqüentador	70 a 100
Canteiros de obras, por operário	60 a 100
Centros de convenções, por assento	8
Cinemas, por lugar	2 a 10

continua

Usos e Consumos Específicos de Água

continuação

Usos e Usuários	Consumos
Comércio, áreas de, por m^2	1 a 3
Creches, por criança	60 a 80
Distritos Industriais, por m^2	4 a 8
Escolas, por aluno (de um turno)	10 a 30
Escritórios, por ocupante efetivo	30 a 50
Escritórios, por m^2	10
Estabelecimentos comerciais, por m^2	6 a 10
Estação ferroviária e rodoviárias, por passageiro	15 a 40
Hospital, por leito	300 a 600
Hotéis, por hóspede	250 a 500
Igrejas e templos, por freqüentador	2
Indústrias, para fins higiênicos, por operário	50 a 70
Irrigação de áreas, por hectare (Litros/seg.)	1,0 a 2,0
Irrigação de áreas, por sprinkler (Litros/hora)	300
Jardins, rega com mangeira (Litros/hora)	300 a 600
Lavagem de páteos e calçadas, por m^2	1 a 2
Lava rápidos automáticos, de carros, por veículo	250
Lavanderias, por Kg de roupa	1 a 2
Lojas, por m^2	6 a 10
Lanchonete, por assento	4 a 8
Matadouros, por cabeça grande abatida	300
Matadouros, por cabeça pequena abatida	150
Mercados, por m^2	5 a 10
Motéis, por apartamento	300 a 600
Parques e áreas verdes, por m^2	2
Piscinas públicas, por usuário	30 a 50
Piscinas públicas, por m^2	500
Quartéis, por soldado	100 a 200
Residência, por dormitório	200 a 400
Restaurantes nas rodovias, por assento	75 a 250
Restaurantes urbanos, por refeição servida	20 a 30
Restaurantes urbanos por assento	80 a 120
Teatros, por assento	5 a 10
Templos religiosos, por freqüentador	2

TABELA 4

CONSUMOS MEDIOS EM INDÚSTRIAS
(Litros)

Indústrias	Consumos/Unidade de Produção
Açúcar, Usinas,/Kg	100
Aciarías,/Kg	250 a 450
Álcool, Destilarias,/litro	20 a 30
Cervejarias,/litro	15 a 25
Conservas,/Kg	10 a 50
Curtumes,/Kg	50 a 60
Laticínios,/Kg	15 a 20
Papel fino,/Kg	1.500 a 3.000
Papel de impensa,/Kg	400 a 600
Polpa para papel,/Kg	300 a 800
Texteis, alvejamento,/Kg	275 a 365
Texteis, tinturaria/Kg	35 a 70

TABELA 5

CONSUMOS MÉDIOS DE ANIMAIS
(Litros/dia)

Animais	Consumos
Cabras e carneiros	10 a 15
Cavalos e burros	20 a 40
Galinhas	0,2 a 0,3
Perus	0,3 a 0,4
Porcos	10 a 15
Vacas	25 a 50

CAPÍTULO 9

Tanques Sépticos

9.1 - EVOLUÇÃO HISTÓRICA

O tanque séptico, mais conhecido como "fossa séptica" vem sendo utilizado há pouco mais de 100 anos. Foi a primeira unidade inventada para o tratamento de esgotos e até hoje e a mais extensivamente empregada, em todos os países.

A história da sua invenção apresenta aspectos curiosos: Na pequena cidade de Versoul, no Departamento de Alto Saorne, França, um artífice dedicado às artes construtivas, Jean Louis Mouras, impressionava-se ao presenciar o repugnante trabalho dos operários que executavam a limpeza dos fossos estanques, onde se acumulavam, durante certo tempo, os excrementos domésticos.

Naquela época os dejetos ou eram simplesmente despejados nas vias públicas durante a madrugada, ou eram acumulados em fossos para limpeza periódica.

A esse homem se deve a invenção patenteada do tanque séptico, em 1881, com o título "Eliminador Automático de Excrementos".

Os resultados foram, desde logo considerados misteriosos e surpreendentes, conforme se constata pela seguinte descrição da época: "É um dis-

142 *Instalações Prediais Hidráulico-Sanitárias*

positivo misterioso que consiste em um receptáculo hermeticamente protegido por selos hídricos. Através de um funcionamento misterioso que encerra um princípio inteiramente novo ele transforma rapidamente toda a matéria excrementícia recebida em um fluído homogêneo, apenas um pouco turvo, retendo todos os sólidos em suspensão sob a forma de material com fibras pouco visíveis. Esse receptáculo ou tanque tem auto-descarga e funciona continuamente".

Mouras não era comerciante, nem bom vendedor de idéias, mas teve a sorte de receber o apoio do chefe religioso local, abade Moigno, cujas iniciativas para difusão da nova invenção foram coroadas de pleno êxito.

Em pouco tempo o tanque séptico generalizou-se na França e nos países vizinhos.

O aparecimento do tanque séptico na Grã Bretanha veio logo depois, tendo sido patenteado pelo Eng. Donald Cameron, a quem se deve a denominação "tanque séptico" (1896).

Cameron passou a aplicar o seu tanque no tratamento de esgotos não só de residências como também de pequenas aglomerações e até mesmo cidades. Os seus negócios prosperaram muito e ultrapassaram as fronteiras da ilha, com a venda de projetos e de licenças nos Estados Unidos, no Canadá e em outros países.

Nos Estados Unidos uma ação movida na justiça, pela municipalidade de Saratoga Springs (N.Y.) acabou com o privilégio de Cameron (1907).

No Brasil a aplicação pioneira parece ter sido o grande tanque construído em Campinas para o tratamento dos esgotos urbanos (1892).

Os defeitos e as limitações dos tanques sépticos foram reconhecidos a partir do final do século. O Eng. Clarck, pesquisador da famosa Estação Esperimental de Lawrence, Mass., foi o primeiro a propor a idéia de subdivisão interna dos tanques, com o propósito de melhorar as suas condições de funcionamento (1899).

Baseado nessas observações o engenheiro inglês, W.D.Travis, na cidade de Hampton, concebeu e construiu o tanque "hidrolítico" que passou a ser conhecido pelo seu nome e que compreendia dois compartimentos ou duas câmaras (1903)

A separação proposta por Travis, entretanto, não era completa, pois ele recomendava a introdução de 1/7 a 1/5 da vazão afluente na câmara inferior onde processa a digestão.

Mais tarde chegou a vez de Karl Imhoff, engenheiro alemão encarregado de sanear o Vale do Emscher. Imhoff examinou e experimentou o tanque de Travis e idealizou o novo tipo de unidade que passou a ser designado por "Tanque Emscher" ou "Tanque Imhoff" (1905).

Tanques Sépticos 143

9.2 - CONCEITO E DEFINIÇÃO

O tanque séptico é uma unidade de escoamento horizontal e contínuo, que realiza a separação de sólidos leves e pesados, decompondo-os em meio anaeróbio.

É uma unidade estanque, simples, não mecanizada, de operação fácil e de custo baixo, que realiza funções múltiplas. Destina-se ao tratamento local, em residências, postos isolados, campos esportivos, pequenas fábricas, edificações na zona rural, etc.

O tanque séptico não é um simples decantador e digestor mas sim uma unidade que realiza simultaneamente várias funções:

a - Decantação e retenção dos sólidos em suspensão, mais pesados, formando o lodo que se acumula na parte inferior;

b - Flutuação e retenção dos materiais mais leves, tais como óleos, gorduras e graxas que ficam flutuando na parte superior;

c - Tratamento anaeróbio da fase líquida em escoamento ("Septização");

d - Digestão do lodo acumulado, com produção de líquidos, gazes e material estabilizado;

e - Desagregação e digestão parciais do material flutuante que constitue a crosta ou escuma;

f - Redução do número de bactérias e de vírus presentes nas águas de esgotos.

O tanque séptico não é uma unidade isolada, que dispensa outras instalações: Ele produz continuamente o seu efluente líquido, que precisa ter um destino adequado.

9.2.1 - Aperfeiçoamentos

Os tanques sépticos foram objeto de inúmeras pesquisas e ensaios experimentais, sobretudo nos Estados Unidos, onde Universidades, Institutos de Pesquisas, Departamentos de Saúde, Órgãos de Apoio à Agricultura e entidades relacionadas com programas habitacionais vem realizando importantes investigações.

Como resultado dessas experiências foram estabelecidos critérios seguros para projeto, otimização da forma, melhoria das partes componentes, parâmetros de dimensionamento, etc.

144 *Instalações Prediais Hidráulico-Sanitárias*

Os estudos abrangem tanques simples, tanques compartimentados e tanques dispostos em série.

Merecem menção especial as normas e os boletins técnicos mais recentes, que incorporam os diversos avanços tecnológicos (V. Referências).

9.2.2 - Normalização

Vários países, entre eles os Estados Unidos, a Alemanha, a Áustria e o Brasil, possuem normas específicas para tanques sépticos.

No nosso País a norma NBR 7229, publicada em março de 1982 representa um grande passo dado no sentido de pôr alguma ordem em um mercado extremamente desorientado. É, entretanto, e como se verá, uma norma suceptível de aperfeiçoamentos futuros.

9.3 - APLICAÇÕES

Os tanques sépticos apresentam na atualidade, condições de aplicabilidade em muitas situações: Nas áreas periféricas das cidades, onde a densidade demográfica não justifica a execução de redes convencionais de esgotos, em áreas urbanas extensas com declividade insignificante, nas casas e conjuntos habitacionais isolados, em estabelecimentos e postos situados fora das zonas urbanas, em fábricas e aglomerações pequenas e na zona rural, de um modo geral.

Nos Estados Unidos avalia-se que cerca de 30% de toda a população serve-se de tanques sépticos e 85% das novas habitações construídas fora das áreas servidas por redes de esgotos estão sendo equipadas com esses tanques.

No Brasil os tanques sépticos começaram a ser difundidos a partir dos últimos anos da década 30.

Atualmente, considerando-se apenas a situação das nossas capitais de Estados, totalizando cerca de 30 milhões de habitantes, constata-se que a população servida por redes sanitárias não chega a 50%.

Por outro lado é conhecida a predileção dos brasileiros pelo banho diário e pela água encanada, o que constitue um fator prepoderante no sentido da aplicabilidade dos tanques sépticos.

Tanques Sépticos   145

9.3.1 - Formas Comuns

As formas mais comumente adotadas são as de secção retangular e de secção circular.

No primeiro caso recomenda-se que o comprimento seja pelo menos o dobro da largura para assegurar boas condições de escoamento.

Existem ainda formas combinadas como por exemplo o tipo industrializado, projetado pelos Irmãos Ludwig na Califórnia (Dimensão transversal variável com a profundidade).

9.3.2 - Materiais de Construção

Os tanques sépticos podem ser produzidos industrialmente ou podem ser construídos no próprio local de emprego.

No primeiro caso são usuais os seguintes materiais: concreto armado, cimento amianto, aço com revestimento betuminoso, material cerâmico e fibras de vidro.

No segundo caso os tanques geralmente são construídos de alvenaria de tijolos ou de concreto, podendo, também, ser utilizados tubos de concreto de grande diâmetro.

9.4 - TIPOS USUAIS - COMPARTIMENTAÇÃO

Existem três tipos principais de tanques:

– simples, não compartimentados;
– compartimentados com câmaras em série;
– com câmaras sobrepostas.

Os tanques sépticos simples, de câmara única, são os mais usuais, mais econômicos e os que mais se prestam à industrialização.

Os tanques com dois compartimentos em série são um pouco mais caros, mas oferecem maior proteção contra o arrastamento de sólidos suspensos para o efluente, melhorando, dessa forma, a remoção de sólidos em suspensão (fig. 9.2.a).

Geralmente o primeiro compartimento mede 1/2 a 2/3 e o segundo 1/3 a 1/2 do comprimento total (L). A relação comprimento total sobre a largura (L/B) não deve ser inferior a 2,5:1.

146 *Instalações Prediais Hidráulico-Sanitárias*

Pode-se, também, empregar dois tanques sépticos simples em série, com o mesmo propósito.

Os tanques com câmaras sobrepostas (Fig. 9.2.b) na realidade são tanques similares ao Imhoff, denominados "decanto-digestores", que oferecem vantagens técnicas e econômicas, a partir de um certo número de pessoas servidas (25 ou mais).

Os tanques com câmaras sobrepostas já tiveram maior uso no Brasil em decorrência da adoção do modelo alemão concebido por Otto Mohr (Otto Mohr System).

9.4.1 - Dispositivos de entrada e saída - cortinas

Nos Estados Unidos é prática comum adotar como dispositivos de entrada e de saída peças tubulares em forma de tê sanitário, com "pernas" longas.

A inexistência de tês sanitários ou até mesmo de tês com "pernas" longas no Brasil, faz com que em nosso meio seja dada preferência ao emprego de cortinas.

Os tanques são construídos com duas cortinas, uma na entrada para evitar a aproximação de escuma e também para distribuir e dirigir o fluxo e outra para proteger a saída do efluente. (Fig.9.1). A primeira cortina é sempre menos profunda.

O tubo do afluente (entrada) deve ter a sua soleira um pouco acima do nível d'água de maneira a criar uma pequena queda de água e com isso evitar a tendência à aglomeração de escuma na entrada.

9.4.2 - Dispositivos de inspeção e de ventilação

Todo o tanque séptico deve ter pelo menos uma tampa ou tampão removível, para inspeção e limpeza. O ponto mais importante para a sua localização deve ficar próximo à entrada.

Os tanques grandes podem ter um segundo dispositivo de inspeção.

Em alguns casos instala-se uma tubulação especial para retirada de lodo.

Como geralmente os tanques ficam cobertos por uma camada de terra é necessário assinalar esses pontos de inspeção.

Os tanques sépticos produzem gases e esses gases precisam escapar. O sistema usual para a exaustão dos gases consiste na "ventilação" da parte superior dos tanques, utilizando-se a própria tubulação do afluente e o sistema de ventilação da instalação predial.

Tanques Sépticos

9.5 - INFLUÊNCIA DAS VAZÕES E TEMPOS DE DETENÇÃO

Nos tanques sépticos entram líquidos de esgotos contendo sólidos, flutuáveis, sólidos sedimentáveis, matéria coloidal e substâncias dissolvidas orgânicas e minerais.

Os tanques devem remover o máximo possível de sólidos flutuáveis e sedimentáveis. Para isso eles devem assegurar um tempo de "residência" suficiente para a separação mecânica (flotação e decantação).

Devido à grande variabilidade de vazão nas descargas domésticas, o tempo médio de permanência não pode ser pequeno, para que sejam levados em conta os picos de vazão, no processo de sedimentação.

À medida que aumenta o número de pessoas servidas (e de aparelhos de descarga) se reduz a relação entre a vazão máxima e a vazão média, podendo-se reduzir o tempo requerido para a detenção.

Por outro lado a distância a que se encontra o tanque séptico em relação as instalações sanitárias também exerce grande influência sobre o amortecimento das descargas.

É preciso que durante a vazão de pico persistam condições que permitam a decantação à medida que se reduz o número de pessoas servidas.

Relações entre Picos e Vazão
(Em Função do Número de Contribuintes)
(Para Σ p = 43,3)

Nº de pessoas	Vazões Máximas (1/s)	Vazão Máxima/Capita	Coeficiente
5	2,0	0,50	1,00
10	2,8	0,28	0,56
20	4,0	0,20	0,40
50	6,2	0,12	0,24
100	8,8	0,09	0,18

148   *Instalações Prediais Hidráulico-Sanitárias*

Amortecimentos de Picos
(Ao Longo do Escoamento)

Distâncias (m)	Vazões de pico (1/s)	Coeficiente relativos (%)
0	2,2	100
12	1,6	70
24	1,1	50
36	0,76	28

Os tanques sépticos não funcionam apenas como unidades de flotação, sedimentação e digestão: eles realizam a depuração séptica da fase líquida em escoamento. O processo séptico começa a se pronunciar a partir de 4 horas de detenção atingindo um nível desejável após 12 horas. Por essa razão o período de detenção em tanques sépticos ainda que grandes, não deve ser inferior a 12 horas. Quanto se estabelece o mínimo de 24 noras para tanques menores o propósito é simplesmente assegurar mais espaço para atenuar os efeitos dos choques de vazão provocados pelos picos mais acentuados.

Períodos de detenção inferiores a 24 horas somente são admitidos nos casos em que o número de pessoas servidas ultrapassa de 30.

9.6 - FUNÇÕES E AS DIVERSAS ZONAS

Conforme já foi exposto os tanques sépticos realizam as seguintes funções:

a – Flutuação dos sólidos (óleos, gorduras e graxas);
b – Retenção, digestão e desagregação dos sólidos leves que constituem a escuma;
c – Decantação dos sólidos sedimentáveis;
d – Retenção, digestão e acumulação dos sólidos sedimentados que constituem os lodos;
e – Movimentação, acumulação e liberação dos gases resultantes do processo anaeróbio;
f – Tratamento séptico do líquido em escoamento.

Tanques Sépticos 149

O processo séptico modifica as características do líquido, consumindo o oxigênio dissolvido, liquefazendo parte da matéria orgânica e produzindo gases. Essa ação se exerce sobre a matéria coloidal e sobre as substâncias orgânicas dissolvidas.

Como essas funções são realizadas simultaneamente podem ser distinguidas zonas diversas, de processo, no interior da unidade, assim como zonas neutras destinadas a reduzir as interferências de processos.

9.6.1 - Zona de gases

Os gases, principalmente metano, gás carbônico e pequenos teores de gás sulfídrico, ascendem no interior do líquido, atravessam a camada de escuma e se acumulam na parte superior do tanque, entre a superfície da escuma e a cobertura.

A saída desses gases deve ser prevista e, exceptuados os casos em que se considera o seu aproveitamento, esses fluídos deixam o tanque pela parte superior da tubulação afluente, sendo afastados através do sistema de ventilação da instalação predial.

9.6.2 - Zona de escuma

A escuma que flutua nos tanques tem uma parte submersa e uma parte emergente.

Diariamente novos sólidos se adicionam à escuma, mas ao mesmo tempo ocorre a sua decomposição e a queda de pequenas partículas decompostas.

Por outro lado, e com o tempo, a parte emergente da escuma tende a perder umidade e a endurecer, passando a ser digerida muito lentamente.

Para avaliar a quantidade de escuma basta considerar que as águas de esgotos domésticos geralmente contêm de 50 a 150 mg/1 de gorduras e graxas o que daria, para 5 pessoas e na base de 120 litros diários "per capita":

$$\frac{5 \times 120 \times 150 \times 365}{1.000 \times 1.000} \cong 30 \text{ Kg/ano}$$

Essas impurezas, além de serem mais leves do que a água, não são homogêneas, geralmente incorporam restos da celulose e contêm um teor apreciável de água. Por isso na prática são considerados volumes de escuma entre 10 a 20 litros por pessoa servida, por ano.

150   *Instalações Prediais Hidráulico-Sanitárias*

A espessura da crosta depende da área da sua superfície e, portanto, da área do tanque. Nos tanques de maior superfície a camada de escuma torna-se menos espessa. Os resultados apresentados a seguir dão uma idéia das espessuras máximas que poderão ser esperadas ao fim de um ano de operação de tanques sépticos projetados para 5 pessoas:

Áreas dos tanques	Espessura da escuma
1,00m²	0,15m
1,50m²	0,10m

A superfície inferior da camada de escuma não é regular, podendo apresentar maior espessura em alguns pontos.

9.6.3 - Zona de sedimentação

A zona onde se processa a decantação é constituida pelo espaço intermediário ao longo do tanque, no sentido do escoamento.

Para que o tanque funcione bem é preciso que essa zona esteja livre, com uma secção de escoamento capaz de assegurar velocidades de escoamento baixas, compatíveis com o processo de sedimentação de sólidos orgânicos. (Sabe-se que a força hídrica que arrasta as partículas varia com a 6a. potência de velocidade).

A decantação se processa bem, sempre que a velocidade média de escoamento esteja abaixo de 0,75 cm/seg. Isto é, são satisfeitas as condições de projeto, sempre que não forem ultrapassados os limites de ocupação de espaço pelo lodo e pela escuma, isto é, desde que sejam realizadas as limpezas previstas e necessárias.

Conforme será exposto mais à frente a zona de sedimentação sofre a influência dos efeitos da digestão (Foi essa constatação que levou o Dr. Travis e Karl Imhoff a idealizarem os tanques com duas câmaras).

O volume mínimo da zona de sedimentação deve igualar à contribuição de águas servidas durante 24 horas pelas pessoas atendidas, até 30 pessoas. Para tanques destinados a servir mais de 30 pessoas pode-se admitir a redução progressiva do número de horas, isto é, do período de detenção (V. Norma).

9.6.4 - Zona de lodos em digestão

O tempo necessário para completar a chamada digestão "técnica" é variável em função da temperatura do líquido:

Temperatura (ºC)	Tempo de Digestão (dias)
15	60
20	45
25	35
30	25

No Brasil as temperaturas mais altas (20 a 22,5ºC) favorecem o processo, podendo-se admitir 45 dias como de digestão (A Norma Brasileira estabelece 50 dias).

Durante o funcionamento do tanque a matéria orgânica vai sedimentando continuamente, constituindo uma camada de lodo fresco em processo de digestão, sobre a camada de lodo já digerido.

O volume de lodo em fase de digestão pode ser calculado:

Vf = Volume de lodo fresco por pessoa = 1,00 litro/dia
Vd = Volume de lodo digerido, por pessoa = 0,25 litro/dia
Ve = Volume de lodo de fase de digestão, litros
t = Tempo de digestão (45 ou 50 dias)

$$Ve = Vf - \frac{2}{3}(Vf - Vd).t$$

$$Ve = 1,00 - \frac{2}{3}(1,00 - 0,25). \, 50 = 25 \; 1/pessoa$$

(ou 125 litros no caso de 5 pessoas)

9.6.5 - Zona de lodos digeridos

Os lodos já estabilizados e mineralizados ficam acumulados no fundo do tanque até o dia em que se processa a sua remoção (operação de limpeza).

Essa camada aumenta de espessura continuamente, podendo chegar a interferir e até mesmo impedir a sedimentação, caso não se realize a limpeza prevista.

A quantidade de lodo digerido pode ser avaliada em função do tempo de funcionamento entre duas operações de limpeza (período de acumulação de lodo).

Esse período geralmente é estabelecido entre 180 e 540 dias. A Norma Brasileira fixa o seu valor em 300 dias.

Nessas condições o volume de lodo digerido "armazenado" será:

$$Vd = 300 \times 0,25 = 75 \text{ litros/pessoas}$$

Par o caso de 5 pessoas Vd será igual a 375 litros.

9.6.6 - Zonas neutras

São consideradas zonas neutras os espaços de segurança operacional que são deixados para as interfaces entre áreas de processos diferentes.

Nos tanques sépticos são consideradas duas zonas neutras, uma entre a camada de escuma e a zona de sedimentação e outra entre esta zona e a camada de lodos em digestão (Fig. 9.1).

Nos tanques pequenos a espessura mínima admissível para essas zonas é 10 cm.

9.7 - INTERFERÊNCIAS DOS PROCESSOS E DIMENSIONAMENTO

À medida que o lodo depositado vai sendo digerido ele produz gases (Metano e Gás Carbônico), que se desprendem e se elevam para a parte superior do tanque. Em seu movimento ascendente as bolhas de gás podem envolver partículas de lodo, arrastando-as para cima. Este arrastamento interfere com o líquido em escoamento na zona de sedimentação podendo causar o carreamento de partículas de lodo para o efluente, aumentando, com isso, o teor de sólidos e a turbidês.

Por outro lado, à medida que os sólidos que constituem a escuma são digeridos e se desagregam, as partículas que se tornam mais pesadas começam a sedimentar, interferindo com a zona de sedimentação de maneira similar à que foi descrita.

Fenômeno semelhante ocorre na extremidade final do tanque de onde parte a tubulação de saída. Para evitar o escapamento de gases e partículas sólidas para o efluente pode-se instalar um defletor, conforme mostrado na Fig. 9.2e.

Essas interferências que acabam de ser expostas foram reconhecidas pelos pioneiros que desenvolveram os tanques Travis e Imhoff, com o propósito de eliminá-las.

9.7.1 - Como dimensionar os tanques sépticos

Os tanques sépticos são dimensionados a partir dos volumes específicos

Tanques Sépticos 153

para cada uma das suas funções:

– Volume da Zona de Gases: $Vg = S \times 0,20$
– Volume da Zona de Escuma: $Ve = N \times 0,020$
– Volume da Zona Neutra I: $VN1 = S \times 0,10$ (aprox.)
– Volume da Zona de Sedimentação: $Vs = N \times C$
– Volume da Zona Neutra II: $VN2 = S \times 0,10$
– Volume da Zona de Lodos em Digestão: $Vf = N \times 0,025$
– Volume da Zona de Lodos Digeridos: $Vd = N \times 0,075$

sendo:

S = área da superfície do tanque
N = número de pessoas servidas
C = contribuição de águas servidas por pessoa e por dia.

Exemplo: No caso de um tanque séptico de secção retangular com dimensões mínimas de 0,70 x 1,40 para servir a 5 pessoas tem-se:

$Vg = 0,70 \times 1,40 \times 0,20 = 0,200m^3$ (200 litros)
$Ve = 5 \times 0,020 = 0,100m^3$
$VN1 = 0,70 \times 1,40 \times 0,10 = 0,100m^3$
$Vs = 5 \times 0,120 = 0,600m^3$
$VN2 = 0,70 \times 1,40 \times 0,10 = 0,100m^3$
$Vd = 5 \times 0,075 = 0,375m^3$ (375 litros)

Volume total mínimo = 1.475 litros
Volume denominado útil (abaixo do nível de água):
$1,475 - (0,30 \times 0,70 \times 1,40) = 1,175$ (1.175 litros)

Como a Norma Brasileira estabelece como valor mínimo 1.250 litros, adota-se H = 1,30m.
Para cálculo direto do Volume Útil a nossa Norma apresenta a seguinte fórmula:

Vol. Útil = $N (C + 100)$ (em litros)
No caso:
Vol. Útil = $5 (120 + 100) = 1.100$ litros

154 *Instalações Prediais Hidráulico-Sanitárias*

Esse valor por ser inferior a 1.250 adota-se o mínimo exigido.
A Norma Brasileira estabelece as seguintes exigências:

a - Para tanques de secção retangular
  – Largura mínima: B = 0,70m
  – Comprimento mínimo: L = 1,40 (=2B)
  – Profundidade útil mínima: H = 1,10m (B/H menor que 2)

b - Para tanques de secção circular
  – Diâmetro mínimo: D = 1,10 (D menor que 2H)
  – Profundidade útil mínima: H = 1,10m.

No quadro a seguir são apresentados dados comparativos entre as exigências de normas norte americanas e brasileiras:

Contribuições Diárias e Volumes dos Tanques (*)
(USPHS E ABNT)

Nº de pessoas	Estados Unidos		Brasil	
Servidas	Contribuição (litros/dia)	Vol.Mín. dos tanques (litros)	Contribuição (litros/dia)	Vol.Mín. dos tanques (litros)
4	1.140	2.850	480	1.250
6	1.710	3.420	720	1.386
8	2.280	3.800	960	1.760
10	2.850	4.750	1.200	2.200
20	5.700	7.000(**)	2.400	4.400

(*) - Contribuições: Estados Unidos: 240 l/d e Brasil 120 l/d
(**) - Segundo o "Uniform Plumbing Code"

9.7.2 - Resultados obtidos

Os principais fatores que influem sobre o desempenho dos tanques sépticos são: a forma (geometria), a carga hidráulica (vazão aplicada), os dispositivos de entrada e de saída, o número de compartimentos, a temperatura e as condições de operação.

Os esgotos domésticos tem uma composição variável, dependendo do

Tanques Sépticos 155

nível econômico, dos hábitos da população, do consumo de água, etc. Os dados apresentados a seguir são considerados típicos:

Esgotos Residenciais Típicos
(Dados da EPA)

Parâmetros	Contribuição "Per Capita" (g/dia)	Concentração nos Esgotos (mg/litro)
Sólidos totais	115 - 170	680 - 1.000
Sólidos voláteis	65 - 85	380 - 500
Sólidos em suspensão	35 - 50	200 - 290
DBO_5	115 - 125	680 - 730
Nitrogênio total	6 - 17	35 - 100
Óleos, gorduras	10 - 25	50 - 150
Coliformes fecais, NMP	$10^6 - 10^8$	$10^8 - 10^{10}$(*)

(*) - NMP por litro

Os tanques sépticos reduzem consideravelmente o teor de impurezas, principalmente dos sólidos não dissolvidos e de óleos, gorduras e graxas. Os dados mostrados no quadro seguinte resumem os resultados normalmente obtidos.

Remoção e Impurezas (Resultados)

Parâmetros	Redução
Sólidos totais	25 - 40%
Sólidos em suspensão	50 - 80%
Sólidos sedimentáveis	85 - 95%
DBO_5	30 a 50%
Óleos e gorduras	70 a 85%
Coliformes fecais	50 a 70%

156 *Instalações Prediais Hidráulico-Sanitárias*

No que diz respeito às bactérias, deve-se ter presente que o efluente apresenta ainda números elevados de coliformes, mas que os microorganismos patogênicos não se desenvolvem e nem se multiplicam no ambiente séptico, sendo, portanto reduzido o seu número.

9.8 - VANTAGENS DOS TANQUES SÉPTICOS

O fato de haver sido inventado há mais de 100 anos e de continuar a ser, nos dias atuais, um sistema do tratamento de uso generalizado, revela a qualidade, a importância e a aplicabilidade do tanque séptico.

O tanque séptico se caracteriza por uma tecnologia simples, de alcance geral, sem partes mecânicas, não requerendo a presença de operador hábil e podendo funcionar durante muitos meses sem exigir cuidados especiais.

Pode ser construído pelos próprios interessados, sem dificuldades.

O seu emprego em conjunto com um sistema individual de afastamento ou de disposição, oferece a vantagem de produzir um efluente previamente tratado, mais facilmente encaminhado ao seu destino final.

Removendo sólidos em suspensão e substâncias oleosas, o tanque séptico assegura maior eficiência e durabilidade para as unidades subseqüentes.

9.8.1 - Inconvenientes e limitações

Os efluentes de tanques sépticos não se prestam para descarga superficial (em valas abertas). Além do problema, de maus odores apresentam o risco de contaminação.

Os tanques não devem ser considerados como uma unidade independente que oferece uma solução completa. Também não devem ser admitidos como um substituto para a rede convencional de esgotos. A rede de esgotos é a melhor solução desde que justificada pela densidade demográfica.

Em casos especiais a conjugação de tanques sépticos com redes secundárias para coleta de efluentes pode se tornar vantajosa.

9.9 - O DESTINO DO EFLUENTE

Conforme já foi exposto o tanque séptico não é uma unidade isolada: ele

Tanques Sépticos 157

produz continuamente um efluente que deve ser afastado ou disposto em condições sanitárias.

As alternativas para disposição do efluente séptico são as seguintes:

1 - Disposição externa;
2 - Disposição no próprio local

A disposição fora da propriedade pode ser feita em cursos d'água (se houver), em galerias de águas pluviais (se existirem) ou então em redes secundárias especialmente projetadas para a coleta de efluentes tratados em tanques sépticos.

O lançamento em cursos d'água está condicionado a fatores locais e à legislação própria.

O despejo em galerias pluviais depende de regulamentação local devendo-se evitar a descarga junto a bocas de lobo que tenham câmaras retentoras.

O sistema de redes secundárias tem sido aplicado com sucesso em diversas cidades litorâneas da Ásia e da Oceania.

A disposição no próprio local pode ser feita de diversas maneiras:

a - No subsolo natural, em fossas profundas, em poços absorventes ou sumidouros e em valas ou trincheiras de infiltração sub-superficial;
b - No terreno preparado, com o sistema de câmara ou montículo;
c - Através de um sistema de tratamento secundário em valas filtrantes, dispondo-se o efluente final onde for possível e conveniente.

9.9.1 - O destino dos gases

O processo biológico por anaerobiose produz gases com a predominância de metano e gás carbônico (CO_2). Como esses gases ao ascender na coluna líquida dissolvem o CO_2, o teor da mistura produzida em tanques sépticos contém menos CO_2 do que os gases produzidos nos digestores separados.

O metano e mesmo a mistura metano e CO_2 são gases combustíveis com um bom teor calorífico. Por isso, em muitos países como por exemplo na China e na Índia, esses gases produzidos em tanques coletivos são aproveitados para finalidades domésticas.

A quantidade produzida por dia é da ordem de 15 a 25 litros/pessoa.

O aproveitamento do gás começa a se tornar atrativo acima de uma certa produção, isto é, em instalações com uma massa "crítica" de contribuintes.

158 *Instalações Prediais Hidráulico-Sanitárias*

9.9.2 - O destino do lodo digerido e da escuma

Os tanques sépticos precisam ser limpos, pois se não forem limpos em tempo certo, eles acabarão funcionando como uma caixa de passagem simples e má.

Alguns tanques são projetados para uma limpeza anual enquanto que outros, projetados com maior volume de acumulação de lodos, podem aguardar 2 ou 3 anos para serem limpos.

A limpeza consiste em retirar a escuma e o lodo, o que normalmente se realiza por sucção mecânica. Para isso já existem veículos especiais, que funcionam com o sistema de vácuo.

O material retirado deve ser transportado e disposto em um local onde não venha a causar danos. Frequentemente o material é conduzido até um coletor tronco, uma estação elevatória de esgotos ou estação depuradora.

Na zona rural o lodo bem digerido tem sido utilidado como adubo orgânico.

9.10 - PROGRAMA DE LIMPEZA

Ao se abordar a limpeza de tanques sépticos apresentam-se três questões:

– Com que frequência se deve limpar?
– Quem faz o serviço?
– Qual o método de disposição para o lodo retirado?

A experiência internacional revela, historicamente, que não se pode confiar na limpeza sistemática por iniciativa dos usuários.

Por isso há regiões no exterior, onde as empresas de Saneamento se organizam e se equipam para prestar esse serviço, mediante a cobrança de tarifas.

Nessas condições podem ser obtidos excelentes resultados de operação.

Essa possibilidade incentivou projetistas a elaborarem planos com vistas a solucionar, praticamente, o problema de áreas litorâneas, onde a ausência de declividade adequada e a presença do lençol freático tornam excessivamento caros e inviáveis os sistemas convecionais de coleta.

Neste caso são estabelecidos programas modelares para a limpeza regular dos tanques.

Tanques Sépticos 159

9.11 - TANQUES SÉPTICOS COM CÂMARAS SOBREPOSTAS

Para um número pequeno de pessoas a serem servidas os tanques com câmaras sobrepostas são sempre mais caros. Para um número grande de contribuintes esses tanques poderão se tornar mais econômicos, dependendo das exigências normativas.

A nossa NBR 7229 é aplicável a comunidades que tenham no máximo 375 a 625 habitantes, dependendo da contribuição "per capita".

Para os tanques com câmaras sobrepostas ela estabelece que a câmara de sedimentação seja calculada para a vazão máxima, considerando que essa vazão seja igual a 2,4 vezes a vazão média, fator este admitido como fixo, quando na realidade é variável em função do número de pessoas.

Além disso, é exigido um tempo de detenção, (na sedimentação) de 4,8 horas, tempo este superior ao que se recomenda em alguns países para populações a partir de um certo limite.

As unidades com câmaras sobrepostas não são outra coisa senão tanques Imhoff (Fig.9.2.b)

Uma análise econômica feita nos Estados revela as seguintes faixas para aplicação vantajosa:

– Tanques sépticos .... até 200
– Tanques Imhoff .... 200 a 2.000
– Decantadores separados .... Acima de 2.000

Em 1949 o Autor desenvolveu um tipo simples de tanque Imhoff destinado a servir até 160 pessoas (Fig. 9.2.c)

160 *Instalações Prediais Hidráulico-Sanitárias*

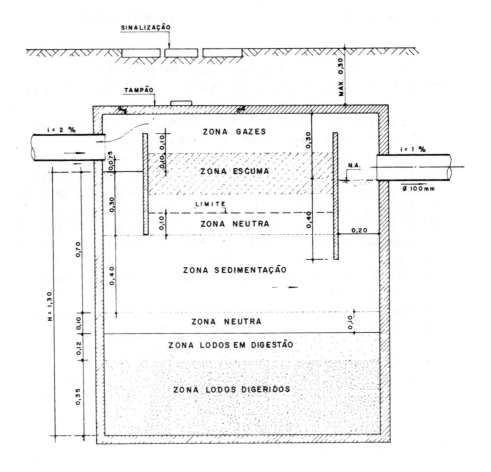

FIG. 9.1 - Projeto de um tanque séptico segundo a norma

N° DE PESSOAS: 5
VOLUME ÚTIL TOTAL: 1.250 L
LARGURA: B = 0,70
COMPRIMENTO: L = 1,40
ÁREA NA SUPERFÍCIE: 0,98 m²
PROF. ÚTIL: H = 1,30
VOL. PARA ESCUMA: 200 L
ZONA LODOS EM DIGESTÃO: 125 L
ZONA LODOS DIGERIDOS: 375 L
AREA TRANSV. ZONA SEDIMENTAÇÃO: S = 0,28 m²

Tanques Sépticos

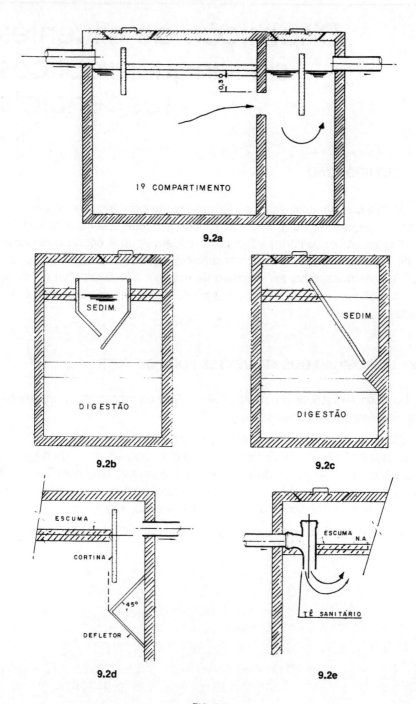

FIG. 9.2

CAPÍTULO 10

Disposição de efluentes de tanques sépticos residenciais

10.1 - INTRODUÇÃO

Os tanques sépticos realizam o tratamento primário dos esgotos, chegando a remover de 85 a 95% dos sólidos sedimentáveis e a reduzir 50 a 70% das bactérias coliformes fecais. O efluente que é descarregado continuamente, pelo fato de ainda conter matéria orgânica e um número considerável de coliformes, deve ser disposto de maneira adequada afim de evitar a contaminação do solo, do lençol subterrâneo e do sistema de abastecimento de água.

10.2 - DISPOSIÇÃO DOS EFLUENTES FORA DO LOTE

No caso de disposição externa, isto é, fora da propriedade, apresentam-se as seguintes soluções possíveis:

a) Lançamento em cursos d'água (inclusive canais)

Esta solução somente se tornará possível se houver um curso d'água nas imediações, em condições de receber o efluente. Isto dependerá, evidentemente, das condições locais (classe e características do curso, usos da água, legislação hídrica, condições de passagem e acesso, etc).

b) Despejo em galerias pluviais (sistema urbano de drenagem pluvial)

Disposição de Efluentes de Tanques Sépticos Residenciais 163

Esta alternativa, por sua vez, depende da existência de conduto pluvial junto à propriedade e está sujeita à legislação sanitária e à regulamentação relativa ao sistema pluvial local.

Como as galerias pluviais geralmente se encaminham para o curso d'água mais próximo, não devem ser esquecidos os efeitos da poluição.

c) Descarga em redes coletoras secundárias (especialmente projetadas para essa finalidade)

Esta é uma solução de concepção relativamente recente, que conjuga um sistema baseado em tanques sépticos com uma rede coletora econômica.

Os tanques sépticos promovem o tratamento das águas de esgotos produzindo efluentes livres de sólidos sedimentáveis.

A rede coletora, projetada para receber exclusivamente líquidos previamente tratados, apresenta características especiais: coletores assentados a pequena profundidade, com diâmetros menores e declividades reduzidas.

Com a ausência de sólidos são admitidas velocidades de escoamento mais baixas e declividades muito pequenas. Dessa maneira se reduz consideravelmente o aprofundamento dos coletores, o volume de escavação e os gastos com escoramento e esgotamento de valas, reduzindo-se, conseqüentemente, o custo total da rede.

Velocidade da ordem de 0,30 a 0,40 m/s, declividade de apenas 0,003 m/m e diâmetros de 75, 100, 125 mm e maiores, têm sido adotados.

Um bom exemplo dessa técnica é dado pelo projeto elaborado para a cidade de Avarua, Ilhas Cool, pelo ilustre engenheiro Russel E. Ludwig. Nesse projeto foi admitida a velocidade mínima a meia secção, de 0,40 m/s, tendo resultado as seguintes declividades mínimas:

$$
\begin{aligned}
D = 100 \text{ mm} & \dots\dots\dots\dots\dots\dots\dots\dots\dots\dots \quad I = 0,0037 \\
150 \text{ mm} & \dots\dots\dots\dots\dots\dots\dots\dots\dots\dots \quad 0,0022 \\
200 \text{ mm} & \dots\dots\dots\dots\dots\dots\dots\dots\dots\dots \quad 0,0015 \\
250 \text{ mm} & \dots\dots\dots\dots\dots\dots\dots\dots\dots\dots \quad 0,0011
\end{aligned}
$$

Esse modelo de solução decorre, na realidade, de uma conjugação, algumas vezes vantajosa, dos dois sistemas tradicionais: o sistema de tanques sépticos individuais, com redes coletoras secundárias, de baixo custo.

d) Filtração em areia

Se o subsolo for desfavorável para a infiltração (tempos de abaixamento muito elevados), ou então, se o lençol freático estiver muito próximo da superfície do terreno, apresenta-se a alternativa de filtrar o esgoto séptico e lançar o efluente final (secundário) em um curso d'água próximo.

Essa solução, que realiza um tratamento secundário, também é adotada por exigência oficial nos casos em que a opção inicial já contemplava a disposição externa, independentemente de outros fatores.

Os filtros de areia do tipo recomendado para o caso são executados em valas recobertas, com uma canalização distribuidora superior e uma tubulação inferior para coleta do efluente filtrado.

A camada de areia tem uma espessura de 0,60 a 0,70 e repousa sobre camadas suportes de pedregulho ou de brita (fig. 10.1).

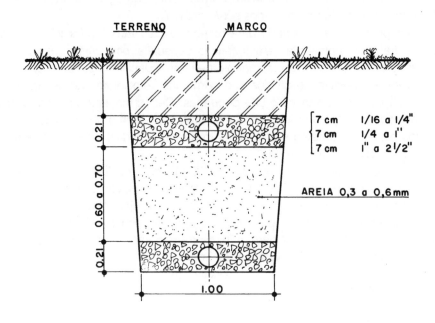

FIG. 10.1

Geralmente seleciona-se uma areia que não seja nem muito fina e nem muito grossa, com tamanho efetivo entre 0,3 e 0,6 mm.

A taxa de aplicação é de 40 a 60 litros/m^2 por dia. Como a largura da superfície filtrante é maior do que a largura das valas de infiltração a extensão das linhas de filtros freqüentemente resulta menor.

10.3 - DISPOSIÇÃO DOS EFLUENTES NO PRÓPRIO TERRENO

No caso de disposição interna dos efluentes, ou seja, no próprio terreno ou lote, podem ser consideradas as soluções seguintes:

a) Descarga em fossas simples de profundidade relativamente grande.

Este tipo de fossa assemelha-se aos poços escavados, porém o seu fundo deve ficar sempre acima do lençol freático, afim de não comprometê-lo (fig. 10.2)

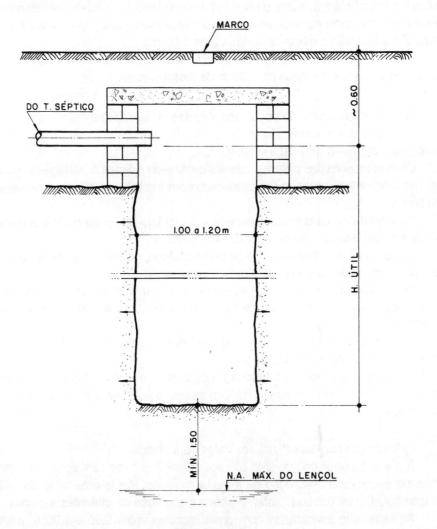

FIG. 10.2 - Fossa

166 *Instalações Prediais Hidráulico-Sanitárias*

A sua aplicação está condicionada à natureza do subsolo (para que seja capaz de permitir a escavação relativamente profunda e ainda, assegurar a estabilidade da fossa) e além disso, à ausência de água freática no extrato a ser escavado.

É uma solução muito usual em bairros periféricos das diversas cidades.

As fossas deste tipo, que apenas recebem efluentes sépticos praticamente livres de sólidos sedimentáveis, se diferenciam das chamadas "fossas negras", uma vez que estas últimas recebem esgotos brutos contendo fezes.

A profundidade dessas fossas deve ser a maior possível, sem chegar a atingir o lençol d'água. Entre o nível máximo do lençol e o fundo da fossa deve ser mantida uma camada protetora com espessura nunca inferior a 1,50 m (Nos Estados Unidos exige-se o mínimo de 3,00 m).

Esta condição mostra que esta solução é impraticável sempre que o lençol de água estiver a menos de 5,00 m de profundidade.

b) Infiltração através de poços absorventes ou sumidouros

Os poços absorventes são mais rasos e freqüentemente são executados com maior diâmetro (Fig. 10.3 e 10.4).

O revestimento das paredes laterais destina-se apenas a protegê-los contra desabamentos, devendo ser executado com frestas ou orifícios para saída do líquido.

Para efeito de cálculo considera-se a superfície do fundo mais a superfície lateral até a tubulação de entrada do líquido.

A cobertura do sumidouro requer certo cuidado, podendo constituir-se em laje de concreto armado ou em cúpula de alvenaria.

Se necessário poderão ser utilizados dois ou três poços absorventes separados entre si por distâncias iguais ou superiores a três vezes o seu diâmetro.

O fundo dos poços absorventes deverá ficar a pelo menos 1,50 m acima do nível máximo do lençol freático.

A sua aplicação torna-se prática no caso de terrenos com bom índice de absorção e sempre que o lençol freático estiver abaixo de 3,00 m de superfície do solo.

c) Infiltração sub-superficial em Valas de Infiltração

A parte superior do sub-solo oferece condições mais vantajosas, em termos de exidação e depuração da matéria orgânica. Por isso as valas de infiltração constituem um bom sistema para a disposição de efluentes sépticos.

As valas são executadas com profundidades entre 0,80 e 1,30 m mantendo no fundo a largura ótima de 0,50. Os tubos de drenagem geralmente

Disposição de Efluentes de Tanques Sépticos Residenciais 167

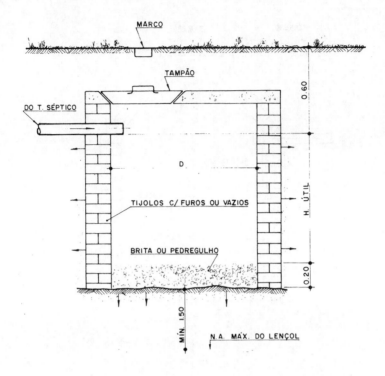

FIG. 10.3 - Poço absorvente

são cerâmicos, com furos e juntas abertas. Devem ficar assentados a uma profundidade inferior a 1,00 m e com declividade de 0,002 a 0,0035. (Fig. 10.5).

No mínimo são utilizadas duas valas em cada habitação, linhas essas separadas de pelo menos 2,00 m entre seus eixos.

O comprimento de cada vala não deve exceder de 30 m.

Neste caso de valas o lençol freático deve se encontrar a uma profundidade superior a 2,30m.

10.4 - ASPECTOS TÉCNICOS

A disposição de efluentes por infiltração no solo envolve aspectos técnicos relevantes. Não é apenas função da permeabilidade hidráulica ou da

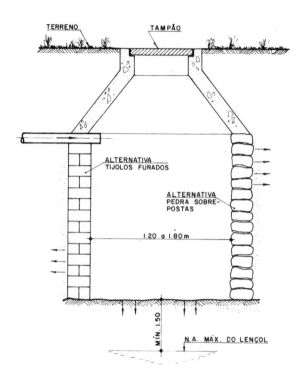

FIG. 10.4 - Poço absorvente

simples percolação. Ela depende das condições e capacidade de limpeza dos poros ocupados pela matéria orgânica através de ação biológica. As valas de infiltração, por exemplo, realizam um trabalho de oxidação semelhante ao dos filtros biológicos.

A grande experiência sobre o assunto é encontrada nos Estados Unidos, destacando-se os estudos e as pesquisas realizadas pelo Departamento de Saúde do Estado de Nova Iorque, a partir da década de 30.

Para dimensionar criteriosamente os poços absorventes e as valas de infiltração foram estabelecidas as seguintes diretrizes:

(1) Realizar os ensaios de infiltração ou de absorção pelo terreno utilizando-se água e medindo-se o tempo de infiltração, de acordo com o método padronizado;

(2) A partir do resultado mediano determinar o coeficiente ou taxa de infiltração, expresso em litros/m² por dia;

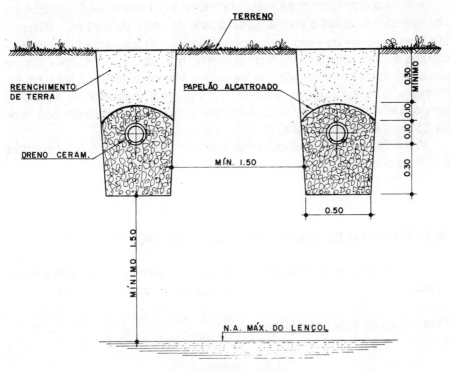

FIG. 10.5 - Valas de infiltração

(3) com base nesse coeficiente calcula-se a área da superfície molhada dos poços absorventes (sumidouros) ou a área total correspondente aos fundos das valas em toda a sua extensão.

A norma brasileira NBR 7229-1982 segue essa mesma metodologia, embora ainda não esteja suficientemente adaptada às nossas condições. Além disso ela não distingue diferenças que existem, conforme as alternativas que podem ser adotadas.

A experiência brasileira nesse setor é relativamente modesta. As primeiras pesquisas foram feitas pela antiga Repartição de Água e Esgotos de São Paulo, nos anos 1946 a 1949.

Posteriormente foram realizados trabalhos pelo Serviço Especial de Saúde Pública, conforme se constata no seu Manual de Saneamento.

10.5 - ENSAIOS DE INFILTRAÇÃO

Os ensaios de infiltração para determinação do coeficiente a ser aplicado são simples e executados no mesmo lugar onde será implantado o sistema.

170 *Instalações Prediais Hidráulico-Sanitárias*

A técnica consiste em escavar pelo menos três buracos de 0,30 x 0,30 m, com paredes verticais e com a profundidade de cerca de 0,80 m. |Deposita-se nesses buracos areia bem grossa, pedrisco ou brita muito fina, formando uma camada de cerca de 5 cm a contar do fundo. Verte-se água nos buracos até torná-los embebidos ou saturados. Posteriormente se faz novo enchimento com água até a altura de 0,15 (tirante), passando-se a medir o tempo que a superfície de água leva para abaixar 1,0cm (Norma Brasileira) ou 2,5 cm (Norma Americana).

A média, ou ainda melhor, a mediana dos três resultados obtidos dará o tempo de abaixamento.

10.6 - CÁLCULO DO COEFICIENTE DE INFILTRAÇÃO

O coeficiente de infiltração expresso em litros/m^2 por dia pode ser calculado a partir de fórmulas derivadas da experiência norte-americana.

Para o caso de Valas de Infiltração:

$$C = \frac{1220}{t + 7,5}$$

Sendo:

C = coeficiente de infiltração em litros/m^2 por dia
t = tempo mediano de abaixamento (dois centímetros e meio)

No caso de poços absorventes, como a pressão hídrica é maior, pode-se considerar valores 33% mais elevados, chegando-se a:

$$C = \frac{1623}{t + 7,5}$$

Essas expressões podem ser representadas graficamente (fig. 10.6) ou podem ser tabeladas:

Disposição de Efluentes de Tanques Sépticos Residenciais

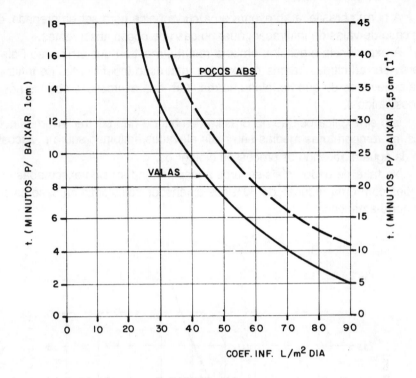

FIG. 10.6

Coeficiente de Infiltração

| t. mint. (min) || C p/ valas | C p/ Poços |
p/2,5 cm	p/1,0 cm	(litros/m² dia)	(litros/m² dia)
5	2	97	130
10	4	69	93
20	8	44	59
30	12	32	43
40	16	25	34

Pode-se também partir para gráficos que apresentam diretamente a extensão necessária de valas de infiltração a partir dos valores de t, admitindo-se que as valas tenham 0,5 m² por metro de extensão e que a contribuição de esgotos por pessoa seja de 150 litros/dia. (fig. 10.7).

A norma brasileira apresenta uma curva única para ser empregada, quer no caso de valas de infiltração, quer no caso de poços absorventes.

A experiência brasileira, embora restrita, mostrou que em nosso País poderão ser admitidas cargas maiores na infiltração (coeficientes de infiltração mais elevados do que aqueles que resultam das expressões obtidas nos Estados Unidos).

Isto se explica porque no Brasil, ademais de não ocorrer invernos rigorosos, as temperaturas medias são mais elevadas, influindo sobre a viscosidade da água e ativando os processos biológicos.

Na falta de dados mais seguros a respeito, já tem sido executadas instalações com uma redução de 30% nas extensões calculadas na base da prática norte-americana.

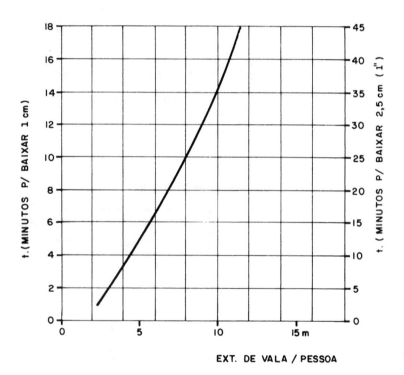

EXT. DE VALA / PESSOA

FIG. 10.7

10.7 - CAIXAS DE DISTRIBUIÇÃO

No caso de valas, sejam elas de infiltração no terreno ou de filtração em areia, tornam-se necessárias caixas de distribuição para repartir adequadamente o efluente do tanque séptico entre as linhas. As diversas linhas deverão receber praticamente a mesma quantidade de líquido.

A Fig. 10.8 mostra dois exemplos de caixas distribuidoras para 2, 3 ou 4 valas.

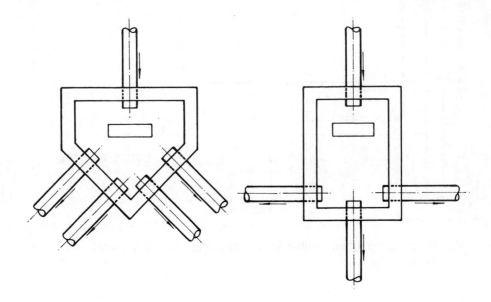

FIG. 10.8

10.8 - LOCALIZAÇÃO DAS UNIDADES

A topografia do terreno, as construções existentes ou projetadas e a presença de instalações de água potável, como por exemplo poços que precisam ser protegidos, condicionam o traçado e a localização das unidades de disposição do efluente.

Tratando-se de área urbanizada os tanques sépticos deverão ser localizados de maneira a:

1) Facilitar a sua limpeza por meio mecânico a partir da via pública;

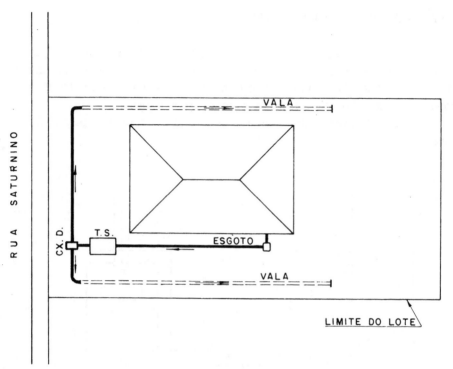

FIG. 10.9

2) Facilitar, no futuro, a ligação à rede pública coletora quando ela vier a ser construída.

10.9 - EXEMPLOS

Seja o caso de uma habitação simples destinada a 6 habitantes, com uma contribuição esperada de 150 litros diários de esgoto, por pessoa (Total 900 litros/dia).

Foram realizados 3 ensaios de infiltração tendo sido obtidos os seguintes resultados para abaixamento de 2,5 cm: 12 min, 15 min e 21 min. Valor adotado: 15 min. O nível do lençol freático está a 3,90 m de profundidade.

a) Poço absorvente

Pela curva (Fig. 10.6) obtém-se o coeficiente de infiltração igual a 72 litros/m^2 por dia.

A área requerida será 900/72 = 12,5 m^2.

Admitindo-se, nas condições brasileiras, uma redução de 30% encontra-se 8,75 m^2.

Disposição de Efluentes de Tanques Sépticos Residenciais 175

Adotando-se um diâmetro de 1,50 m encontra-se para a profundidade útil cerca de 1,50 m (A área do fundo seria 1,77 m^2 e a área útil lateral mediria 7,07 m^2, perfazendo no total 8,84 m^2).

b) Valas de infiltração

Neste caso encontra-se pela expressão matemática ou na curva da Fig. 10.6 coeficiente de infiltração sendo igual a 56 litros/m^2 por dia.

A área requerida será, portando, 900/56 = 16,07 m^2.

Admitindo-se para as nossas condições uma redução de 30% encontra-se 11,2 m^2.

Como cada metro de vala tem uma área de 0,5 m^2, a extensão total de valas resulta igual a 22,5 m.

Com duas valas (número mínimo) resultam valas de 11,5 m de comprimento.

c) Valas de filtração

Admitindo-se uma taxa de filtração de 50 litros/m^2 por dia encontra-se para 900 litros diários: 900/50 = 18 m^2.

Como as valas filtrantes são de 1 m^2 por metro linear, 18 m serão suficientes.

Anexo 1

Cálculo probabilístico de vazões

(simultaneidade de uso de aparelhos)

INTRODUÇÃO

Nos edifícios existem aparelhos sanitários em grande número, mas nem todos são utilizados ao mesmo tempo. O cálculo das vazões que ocorrem simultaneamente nas tubulações alimentadoras deve levar em conta os efeitos probabilísticos de uso.

A metodologia de cálculo deve se basear em hábitos da população, número e características dos aparelhos e em critérios de simultaneidade.

À medida que aumenta o número de aparelhos decresce a probabilidade de uso simultâneo. Quando existem apenas 2 aparelhos considera-se que ambos possam ser usados a um só tempo. Se o número de aparelhos for muito grande é possível que apenas 20% deles estejam em uso simultaneamente. Aliás 20% é o menor coeficiente que se pode admitir de acordo com as conclusões dos Congressos Internacionais de Instalações Sanitárias.

Os critérios de uso simultâneo não são aplicáveis aos casos em que prevalecem usos programados ou sujeitos a condições especiais, como acontece no caso de colégios, quartéis, estádios, teatros, etc.

EVOLUÇÃO NO BRASIL

No Brasil os estudos pioneiros sobre a questão foram feitos pela Repartição de Águas e Esgotos, de São Paulo, por volta de 1944, quando era exi-

Anexo 1 177

gido o exame e aprovação de projetos. Naquela ocasião o Eng. Mário Gandra instalou um pequeno laboratório experimental para determinar as condições de funcionamento dos aparelhos sanitários. Outro pesquisador, da mesma Repartição foi o Eng. João Veloso de Andrade, a quem se deve valiosa contribuição técnica divulgada pela Revista Mackenzie.

Para a determinação da simultaneidade de usos foram adotados os dados propostos pelo éng. Harold P. Hall, em seu livro "Practical Plumbing".

Em 1946 veio à luz a tradução da obra clássica de L.J. Day ("Instalações Hidráulico-sanitárias"), contendo os métodos em uso nos Estados Unidos.

A partir de 1947 a Associação Brasileira de Normas Técnicas criou uma Comissão Especial para elaborar o projeto de norma técnica de instalações prediais de água fria. Participaram nos trabalhos dessa comissão os Engenheiros Altino Nunes Pimenta (Presidente), José M. de Azevedo Netto (Secretário), Hans Lehfeld (especialista da iniciativa privada), Eudoro L. Berlink (Delegado da A.B.N.T. em São Paulo), além de outros técnicos.

Baseado em sua grande experiência e apoiando-se na norma DIN, o Eng. Lehfeld desenvolveu uma expressão simples, com estrutura probabilística, para estimativa das vazões de uso simultâneo. Foi essa a expressão que passou a ser adotada em âmbito nacional.

Outra notável contribuição foi trazida pelo Eng. Haroldo Jezler, ao apresentar, com brilhantismo, o método de Roy Hunter, publicado na revista Engenharia, do Instituto de Engenharia de São Paulo (nº 83, junho de 1949).

Essa publicação despertou o interesse de outro estudioso, o Eng. Marcelo Lima, que divulgou na mesma revista uma exegese do trabalho anterior.

Em seqüência o tema foi abordado no "Manual de Hidráulica", do Autor e no valioso livro de Ataulpho Coutinho ("Instalações Hidráulicas Domiciliarias", editado pela segunda vez em 1961).

Embora tenham sido largos os passos dados para melhor apreciação da matéria, não se pode considerar esgotado o assunto, existindo sempre amplo campo para pesquisa.

O emprego de novos tipos de bacia sanitária e de novos sistemas de descarga são exemplos de aspectos técnicos que estão a exigir novos estudos.

EXEMPLOS

Para demonstrar a aplicação dos diversos métodos e comparar os resultados serão feitos cálculos para o exemplo seguinte:

178
Instalações Prediais Hidráulico-Sanitárias

Calcular a vazão correspondente ao uso simultâneo provável em um trecho de coluna distribuidora que alimenta 40 caixas de descargas, 40 mictórios com registros de descarga e 40 lavatórios, em um edifício de uso coletivo.

MÉTODO DE HALL - (RAE)

Calcula-se a vazão provável Q pela expressão:

$$Q = K \, (\Sigma q)$$

onde Ⓚ é o coeficiente de s imultaneidade (%) e Σq a soma dos consumos específicos dos diversos aparelhos, distinguindo-se os casos em que predominam válvulas de descarga (V. TAB. 1).

TABELA 1

Coeficientes de Hall

Nº de Aparelhos	Aparelhos Comuns	Com Valv. Desc.
2	100%	100%
3	78	65
4	68	50
5	62	43
6	58	38
8	53	32
10	49	28
12	47	25
15	43	20
20	40	15
30	38	13
40	35	10
50	34	9
60	33	7
80	32	6
100	31,	5
150	30	4
200	29	3
500	26	2

Anexo 1

Cálculo:

40 x 0,15 = 6,0 litros/seg. (vazão obtida na TAB.4)
40 x 0,15 = 6,0 litros/seg. (vazão obtida na TAB. 4)
40 x 0,20 = 8,0 litros/seg. (vazão obtida na TAB. 4)
120 aparelhos 20,0 litros/seg. (vazão obtida na TAB. 4)

Para 120 aparelhos o coeficiente de redução é 31%
$Q = 0,31 \times 20,0 = 6,2$ litros/seg

MÉTODO DE HUNTER

Emprega-se a TAB.2 de pesos atribuidos aos diversos aparelhos, somam-se todos os pesos e se obtem na TAB.3 a vazão provável (máxima).

TABELA 2

Demanda de Aparelhos em Pesos (Hunter)

Aparelhos	uso coletivo	uso privado
Banheiras	4	2
Bidês	2	1
Chuveiro	4	2
Lavatórios	2	1
Mictórios com válvulas de desc.	10	-
Mictórios com caixa de desc.	3	-
Pias de cozinha	4	2
Pias de despejo	5	3
Tanque de lavar	4	3
WC com caixa de desc.	5	3
WC com válvula de desc.	10	6
Conjunto de banheiro c/caixa	-	6
Conjunto de banheiro c/valv.	-	8

TABELA 3

Consumo Máximo Provável (Hunter)

Total de Pesos	Vazão, Litros/Seg		Total de Pesos (Cont.)	Vazão, Litros/Seg	
	Predominância Válvula de Desc.	Predominância Aparelhos Comuns		Predominância Válvula de Desc.	Predominância Aparelhos Comuns
10	1,9 l/s	0,5	180	5,9	4,2 l/s
20	2,3	1,0	190	6,1	4,4
30	2,8	1,3	200	6,2	4,5
40	3,2	1,7	210	6,3	4,6
50	3,5	1,9	220	6,4	4,7
60	3,7	2,2	230	6,5	4,8
70	3,9	2,4	240	6,6	4,8
80	4,1	2,6	250	6,7	4,9
90	4,3	2,8	300	7,3	6,0
100	4,5	3,0	350	7,9	6,6
110	4,7	3,2	400	8,5	7,2
120	4,9	3,3	500	9,5	7,9
130	5,1	3,5	600	10,7	9,7
140	5,3	3,7	700	11,4	10,7
150	5,4	3,8	800	12,4	12,0
160	5,6	4,0	900	13,0	12,7
170	5,8	4,1	1000	14,0	14,0

Cálculo:

$$40 \times 5 = 200 \text{ pesos}$$
$$40 \times 5 = 200 \text{ pesos}$$
$$40 \times 2 = 80 \text{ pesos}$$
$$480 \text{ pesos}$$

A vazão (TAB.3) = 7,7 litros/seg.

Anexo 1   181

MÉTODO DA A.B.N.T.

A TAB. 4 apresenta as vazões específicas dos aparelhos e os pesos aplicáveis neste método. A vazão provável em litros/seg. é dada pela fórmula:

$$Q = 0,3\sqrt{\Sigma p}$$

TABELA 4
Vazões e Pesos (ABNT)

Aparelhos	Vazão,litros/seg	Pesos
Banheiras	0,30	1,0
Bebedouros	0,05	0,1
Bidês	0,10	0,1
Chuveiros	0,20	0,5
Lavatórios	0,20	0,5
Máquina de lavar	0,30	1,0
Mictórios com caixa de desc.	0,15	0,3
Mictórios com torneiras	0,15	0,3
Pias de cozinha	0,25	0,7
Pias de despejo	0,35	1,0
Tanque de lavar	0,30	1,0
Torneira de jardim	0,30	1,0
Torneira de talha	0,10	0,1
WC com caixa de desc.	0,15	0,3
WC com válvula de desc.	1,90	40,0

Cálculo:

$$40 \times 0,3 = 12 \text{ pesos} \quad\ldots\ldots\ldots\ldots \quad 40 \times 0,15 = 6,0 \text{ litros/seg}$$
$$40 \times 0,3 = 12 \text{ pesos} \quad\ldots\ldots\ldots\ldots \quad 40 \times 0,15 = 6,0 \text{ litros/seg}$$
$$40 \times 0,5 = \underline{20 \text{ pesos}} \quad\ldots\ldots\ldots\ldots \quad 40 \times 0,20 = \underline{8,0 \text{ litros/seg}}$$
$$44 \text{ pesos} 20,0 \text{ litros/seg}$$

$$Q = 0,3\sqrt{44} = 2,0 \text{ litros/seg.}$$

OBS.: Este valor resultou muito pequeno pelo fato de não existirem válvulas de descarga. Como não se deve admitir reduções inferiores a 20%, tomando-se este valor limite para a soma das vazões (20,0 litros/seg) obtem-se 40,0 litros/seg.

182   *Instalações Prediais Hidráulico-Sanitárias*

MÉTODO FRANCÊS

A TAB.5 fornece as vazões específicas, as unidades de descarga em termos da unidade padrão de 0,10 litro/seg e os fatores de simultaneidade (iguais ao quociente da unidade padrão pela unidade de descarga de cada aparelho).

Calcula-se a vazão provável pela expressão:

$$Q = \frac{\Sigma q}{\sqrt{\Sigma f - 1}}$$

TABELA 5

Método Francês

Aparelhos	q = vazão, litros/seg	unidades de desc. (*)	fator f simultânea
Banheiro	0,30	3	0,33
Bebedouro	0,05	0,5	2,00
Bidês	0,10	1	1,00
Chuveiros	0,20	2	0,50
Lavatórios	0,20	2	0,50
Máquina de lavar	0,30	3	0,33
Mictórios com caixa de desc.	0,15	1,5	0,66
Mictórios com torneira	0,15	1,5	0,66
Pias de cozinha	0,25	2,5	0,40
Pias de despejo	0,35	3,5	0,29
Tanque de lavar	0,30	3,0	0,33
Torneira de jardim	0,30	3,0	0,33
Torneira de talha	0,10	1,0	1,00
WC com caixa de desc.	0,15	1,5	0,66
WC com válvula de desc.	1,90	19,0	0,05

(*) uma unidade de descarga padrão = 0,10 1/s = 1 U.P.

Anexo 1   183

Cálculo:

  a) vazões: 40 x 0,15 = 6,0 litros/seg
            40 x 0,15 = 6,0 litros/seg
            40 x 0,20 = 8,0 litros/seg
               Σ q = 20,0 litros/seg

  b) Fatores de simultaneidade (f):

     40 x 0,66 = 2,64
     40 x 0,66 = 2,64
     40 x 0,50 = 2,00
               7,28

$$Q = \frac{20,0}{\sqrt{7,28-1}} = 8,0 \text{ litros/seg}$$

CONSELHOS ÚTEIS

1 - Ao projetar as instalações de um banheiro e escolher bem os pontos de descidas das colunas a fim de situar melhor os registros e evitar cruzamento das tubulações.

2 - A seleção de materiais e, particularmente da tubulação que vai ficar embutida, deve merecer especial atenção:
    – Os canos de chumbo são nocivos à saúde
    – Os canos de aço galvanizado não foram concebidos para serem embutidos em alvenaria, onde sua vida útil é menor que a duração das estruturas e seus revestimentos.
    – Os tubos de plástico não devem ser aplicados para distribuir água quente. Como esses tubos são vulneráveis a golpes de ariete deve-se evitar o emprego de válvulas fluxíveis de descarga, ou então, adotar tipos especiais dessas válvulas.
    – Os tubos de cobre são muito resistentes à corrosão e, por isso, são muito duráveis.

3 - Sempre que houver duas fontes independentes de alimentação de água deve-se ter todo cuidado para impedir interconexões entre elas.

4 - Em alguns países os edifícios de apartamentos são dotados com sistemas de água alimentados independentemente (em hidrômetro para cada apartamento), com o objetivo de evitar abusos, desperdícios e cobranças injustas.

5 - Nos edifícios de apartamentos uma das causas mais freqüentes de infiltrações é a má impermeabilização dos boxes de chuveiros. Em alguns países existem peças de plástico ou louça com uma única saída, para essa utilização.

Bibliografia

- A.B.N.T. - Associação Brasileira de Normas Técnicas
- Azevedo Netto, J.M. e G. Alvarez - Manual de Hidráulica, 7ª edição, Editora Edgard Blücher LTDA (1982)
- A.S.A - American Standards Association
- BAUMANN, R. - Septic Tanks, Home Sewage Treatment, 2nd. National Home Sewage Treatment Symposium, American Society of Agriculture Eugineers, St. Joseph Minch (1978)
- CASA SANO S/A - Catálogos
- CASTELO BRANCO, Zadir - Anais do IV Congresso Internacional de Engenharia Sanitária, São Paulo (1954)
- CETESB - Piscinas de uso coletivo, São Paulo (1975)
- COMPANHIA METALÚRGICA BARBARÁ - Catálogo geral
- CREDER, Hélio - Instalações Hidráulicas e Sanitárias
- CUMULUS - Catálogo de aquecedores
- DIN, Taschenbuch 50 - Abwasser Normen Rohre, Alemanha (1974)
- EHLERS, V.M. e E.W. STEEL, Saneamento Urbano e Rural, trad., Instituto Nacional do Livro, Rio de Janeiro (1948)
- EPA - Onsite Wastewater Treatment Disposal Systems, Design Manual, Cincinnatti (1980)
- FAIR, G.M. e J.C. GEYER, Water Supply and Waste Water Disposal, John Wiley, New York (1954)
- GARCEZ, Lucas Nogueira - Elementos de Engenharia Hidráulica e Sanitária, Editora Edgard Blücher LTDA (1974)
- INSTITUTION OF WATER ENGINEERS, Manual of British Water Engineering Practice, Londres (1969)

Bibliografia

- KENT - Catálogo de Aquecedores
- LUEHRING, F.W., Swimming Pool Standards, A.S. Barnes New York (1939)
- MACINTYRE, Archibald Joseph - Instalações Hidráulicas
- MARA, Duncan e R.G. Feachem - Aspectos Técnicos de Saúde Pública no Planejamento de Programas de Saneamento a Baixo Custo, Engenharia Sanitária, vol. 20 (1981)
- MORGANT S/A - Catálogo de Aquecedores
- NATIONAL WATER WELL ASSOCIATION, Everything you Wanted to Know about Septic Tanks Worthington, Ohio (1980)
- N.Y.S. DEPARTMENT OF HEALTH
- OMS - WHO, Disposal of Community Wastewater Collection and Disposal, O.M.S., Genebra (1975)
- OTIS, R.J., On-site Wastewater Facilities for small Communities and Subdivisions, ann Arbor Sc. Publis., Ann Arbor (1977)
- SECRETARIA DE SALUBRIDAD Y ASISTENCIA, MEXICO, Manual de Saneamento, Limusa, México (1980)
- SHOCKLITISH, A., Arquitetura Hidraulica, Trad., G. Gili, Barcelona (1940)
- TUBOS E CONEXÕES TIGRE S/A - Catálogos
- UNTAR, Jafar - Estimativa da Eficiência de um Coletor de Energia Solar Plano, Tubular para aquecimento de água
- U.S.Dept° of Agriculture, Water, Washington (1955)
- USPHS - Manual of Septic Tank Practice, Publ n° 526, Washington (1967)
- USPHS - Tobert A. Taft Engineering Center, vários boletins, Cincinnati (1949 - 1961)

GRÁFICA PAYM
Tel. [11] 4392-3344
paym@graficapaym.com.br